大人的化妝書II

任何狀況都能完美修飾的專業技巧

「完妝後就是美人」

漂亮是可以「養」出來的！

日本知名髮妝設計師
長井香織 著
林以庭 譯

悅知文化

任何場合，

任何情境，

只要掌握

化妝的精髓，

就能展現

最亮眼的自己

序言 Introduction

所有妝容都有它的理由。

只要瞭解其中的道理，無論面對什麼樣的情況，都能夠立刻判斷出「怎麼做才能展現出最亮眼的自己」。

比方說，只是去附近的超市或接送小孩，這種稍微外出的場合。畢竟馬上就要回家了，便不需要化到全妝，可是又擔心會遇見認識的人……

這種情況，我會建議大家在臉上輕輕拍上一層礦物蜜粉。膚質會更加均勻，乍看之下雖像是素顏一般，卻會讓人產生「這個人皮膚這麼美，果然是美人啊」的感覺。

又比如說，一大清早，面容看起來很疲憊時，可以選用橘色系的眼影，因為倦容大多都是眼窩凹陷而格外明顯的，所以要使用能讓眼部

看起來較為豐腴的橘色系眼彩。

髮型也是。隨著年紀的增長，不適合剪得過頭，否則會少了可以造型的空間。有些人會擔心髮質太細軟、髮量太少，只要掌握了造型的訣竅，就再也不用煩惱了。

傍晚臨時要出席較盛大的場合、最近皮膚嚴重乾燥、要去看必哭的電影……即使如此，還是想化妝。

無論什麼場合，無論什麼情境，只要掌握化妝的精髓，就可以判斷出自己該做什麼，因應自己的狀態和所處地點，時時刻刻都能展現出最美麗的自己。

「為什麼這個妝要這樣化？」化妝的每一個環節都有它的理由，這也可以稱作是學習專業知識。

雖然說是專業知識，但只要掌握了精髓，就沒那麼困難。即使只是「懂點皮毛」也能驚為天人，想不到平凡的日常，可以變得如此多采多姿。

「今天我的臉部狀況如何，所以我要怎麼做。」每天跟自己面對面，化妝技術也會跟著提升。況且……

只有能夠誠實面對自己的人，才能夠天天隨時隨地展現出最美的一面，即使老化也完全不怕。

託各位讀者的福，前作《大人的化妝書》獲得了廣大的迴響。同時，也收到了許多讀者的提問及需求。

當中又以美容相關的疑問較多，對我自己來說，也都是可以學習的內容。藉由為大家解答這些疑問，一定能夠學會「該怎麼做才能隨時隨地展現出最美的自己」。

而本書涵蓋了面對日常生活的各種情境時「化妝的標準答案」。

「想遮蓋痘疤。」

「想嘗試最新穎的妝容。」

「一到傍晚，頭髮就會很扁塌。」

相信讀完這本書之後，就能學到高度化妝、保養能力，即使碰到「今天趕時間只好素顏」這種完全沒辦法化妝的情況，也能展現出漂亮的一面。

這本書裡所記載的全都是能夠襯托出與生俱來的能力，隨著年紀的增長，搞不好一輩子都派得上用場，還會讓你慶幸「還好我早就知道」。

精湛的化妝技術並非一蹴可幾。不過，日積月累後，一定會讓人產生「那個人看起來好漂亮」的感覺。每天化妝必能磨練技巧，美麗就從天天化妝開始吧。

打造美肌，放大雙眼，無論什麼狀況都能完美修飾的專業知識，請大家學起來吧！

目錄 Contents

目錄 Contents

Chapter 2
打造讓雙眼集中的妝容

Chapter 3
過長的眉毛看起來過時

目錄 Contents

Chapter 4
用平時的保養品，打造不易乾燥的肌膚

目錄 Contents

Chapter 6
1根手指，讓扁塌的頭髮瞬間恢復蓬鬆感

目錄 Contents

Chapter 1

Technique

掌握訣竅，就沒有問題！

001

掌握三大部位，完妝後就是美人

打造漂亮的臉蛋，必須優先處理的部位有三個。只要特別留意這幾個部位，整體臉部便會明亮有光采。對於那些明明有化妝，但一到傍晚就脫妝的人；明明有化妝，卻被問「你沒化妝嗎？」的人來說，也非常有效。雖然不好大聲宣揚，但趕時間、想偷懶時，只要注意這幾個部位，就能變成美人。

首先，第一個是被稱作「美肌部位」的區域，要在這個部位均勻地擦上粉底。而這個美肌部位指的是眼睛下方到顴骨凸出的位置，一直延伸到太陽穴，只要特別留意肌膚的這些地方，就會看起來非常漂亮。詳細範圍請參考62頁的圖片。

接下來，是「眼睛」。關鍵並不在於睫毛膏，而是用睫毛夾將「睫毛」夾得又捲又翹。重點不是睫毛的粗細，也不是數量，而是睫毛翹不翹。比起睫毛膏，更應該著重在如何維持睫毛的捲翹度。睫毛定型液比睫毛膏重要多了。除此之外，千萬不能忘了「眼線」，這個步驟能讓雙眼又大又有神，眼影或眼線液可以之後再補。

最後，絕對不能忘記讓氣色變得更好的「腮紅」。

只要至少完成這三個部位的妝容，就可以漂漂亮亮的。當然，不偷工減料，老老實實化全妝才是最理想，但這三個部位是打造完美妝容的基礎。

如果工作上碰到模特兒遲到，被要求「在十五分鐘內化完妝」時，這三個部位的妝一定要化得很完美。學會化妝技巧沒有捷徑，只能透過每天扎實地練習慢慢進步，但可以先將這三個部位牢記在心。

002

對抗冬季乾燥，保養品用量加倍

每年到了十一月，大家就會開始擔心「是不是應該換個保養品」？而隨著季節轉換，也確實會令人開始擔心，肌膚會不會因為過於乾燥而龜裂。

這種時候，其實不需要增添特殊保養品或是特意為冬天另外準備保養品。

平時的保養品就已經足夠，其實只要維持54頁介紹的基礎保養方法，肌膚就不會隨著季節的變化而不穩定或過於乾燥。無論什麼季節，只要持續保養皮膚，就能擁有時時刻刻「彈嫩」且由內到外充滿滋潤的肌膚。

只不過，若是碰到「感覺今天皮膚有點乾」的日子，請增加保養品整體的用量。在季節轉換時，因為乾燥而膚況不穩定的話，代表有可能以往使用的分量其實是不夠的，這也是個重新檢視的好機會。

如果只是稍微乾燥了一點，就挑選喜歡的產品擦上二倍的分量吧。

不管是化妝水、乳液、乳霜都可以，只要這麼一個小動作，就能改善冬天裡的乾燥肌。

在冷暖氣極強的室內工作，或是乾燥的日子裡在室外持續工作等等，碰到暫時性的嚴重肌膚乾燥時，就在擦化妝水之前，敷上面膜吧。面膜在「膚況不好不壞」時最有效了，我也大概約一個月三次左右，只要覺得皮膚乾燥了就會敷面膜。

隨著季節轉換而準備特別的保養品也不錯，購買新的保養品也會讓人心情變好，當然也很歡迎這種單純為了提高生活情趣的保養品。但如果你是義務性覺得「必須換一款」的話，我會建議重新檢視平時使用的保養品，光是這樣就能維持肌膚的水潤。

003

塗抹均勻，才能發揮護唇膏的真正價值

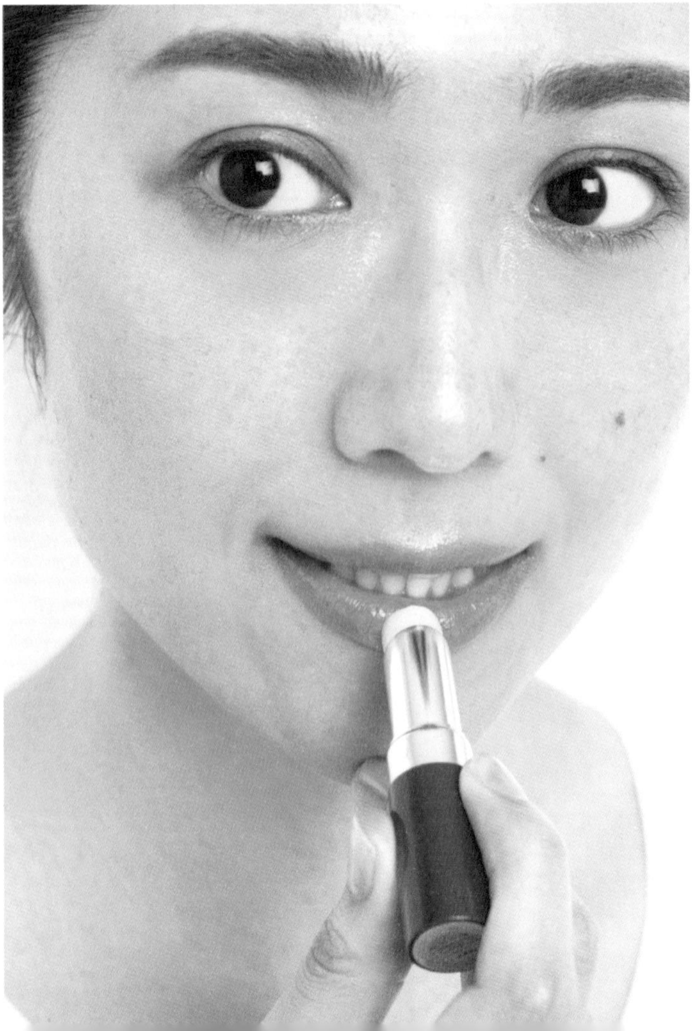

想要嘴唇不粗糙，其實很簡單。

那就是勤擦護唇膏。或許大家會認為這是理所當然的事，但塗抹的方式非常重要，如果只是輕輕一擦，並無法發揮護唇膏的效果。要像畫圓一樣移動護唇膏，塗滿嘴唇的每個角落，來來回回大概要塗上八次。

隨身攜帶護唇膏，想到就拿出來塗一塗，這樣就能夠避免嘴唇乾燥。早上在做保養時，最後也不要忘了塗上護唇膏。養成早上塗護唇膏的習慣，一天的嘴唇狀態就會截然不同。

要記得均勻地塗抹到嘴唇的每個角落，讓美容成分完全滲透。

004

讓大家讚嘆「好漂亮」的妝容

只是要去趟超市、到幼稚園接小孩、出門遛狗……這種馬上就會回家，既不想化妝，又擔心會遇到認識的人時，只要在保養品上，擦一層薄薄的礦物粉底就夠了。

這麼做，肌膚就會看起來透明清亮，讓人覺得「他天生就是個美人吧。」

如果時間還充裕，也可以稍微擦點口紅。唇妝是隨便塗也不會失敗的部位，還會讓你看起來更美。

礦物粉底是外出簡易淡妝的最佳好夥伴，宛如在肌膚上覆蓋一層薄紗，讓肌膚表面滑嫩又散發著恰到好處的水潤感，而膚色的粉底也有修飾膚色不均的功用。

但是，不能因為這樣就在保養上偷懶。

如果可以的話，用毛孔隱形飾底乳撫平凹凸的肌膚，就能營造出一種「皮膚很好」的效果。

用最省時&最簡單的步驟，就能完成美美的「短暫外出」妝。

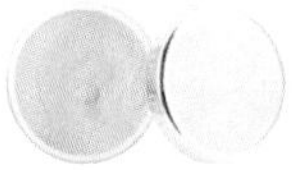

Only Minerals 礦物粉底 SPF27 PA+++ 25g ¥3024 ／ YA-MAN 亞曼

ETVOS 光澤清透防曬礦物粉底 ¥3240 ／台灣售價 NT.1180

bareMinerals 透亮礦物粉底 SPF15 PA++ ¥4104

005

用綠色飾底乳
打造出「素顏美人」

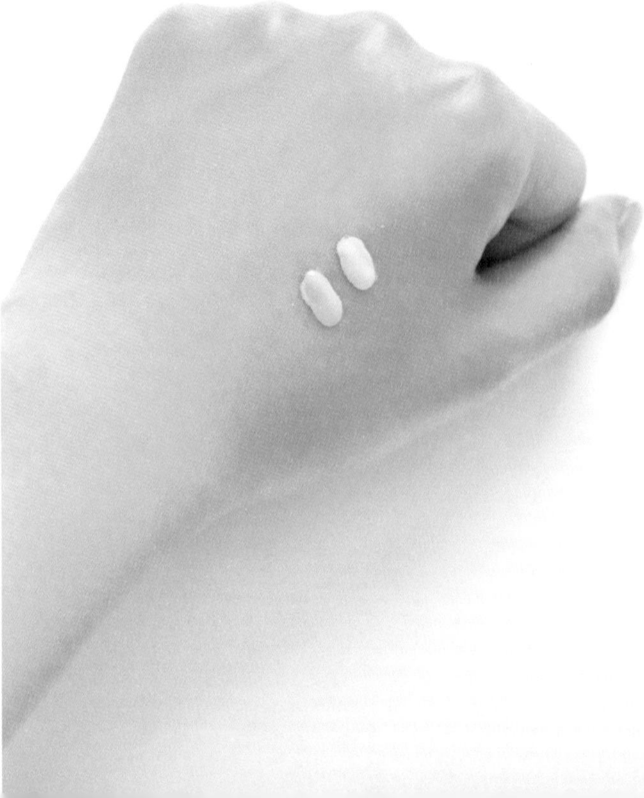

試著打造出讓人驚嘆「好好喔~你素顏也這麼美！」的肌膚吧。要不要試著學著化素顏妝呢？素顏看起來也很美的人，通常是擅長化素顏妝的人，因為他們掌握了素顏妝的精髓。

素顏妝最關鍵的重點就是調整肌膚的色調。修飾膚色不均、黑眼圈和雀斑，讓臉部的膚色達到一致。

想輕鬆讓膚色均勻時，可以使用控色飾底乳。需要準備的是綠色的飾底乳，只要和平時擦在眼睛周圍的粉色飾底乳混和在一起即可。

粉色飾底乳可以修飾暗沉，而綠色飾底乳可以抑止泛紅，賦予肌膚清亮的透明感。綠色飾底乳通常會建議用在「修飾泛紅」上，但對於肌膚普遍偏黃的亞洲人來說，「綠色」可以讓肌膚更明亮，一口氣解決膚色不均的問題。

首先，將粉色和綠色的飾底乳分明擠出指甲大小的分量，和圖片裡差不多的分量即可。將兩種顏色混和在一起後，用手在肌膚上均勻推開。塗過的肌膚，色調會瞬間明亮起來，連自己也會明顯感覺到「啊，我的皮膚變漂亮了！」

肌膚在擦上綠色飾底乳後，透明感會比平時的妝容更強烈，非常適合用在因為睡眠不足，而臉色很差或是日曬過後的皮膚等等，想讓氣色看起來更好的時候。

最後再使用棕色系（茶紅色或銅棕色等等）的腮紅霜，盡量在美肌部位擦上粉底液。襯托出自然的肌膚血色和滋潤感，「水潤光澤肌」就完成了。

「想讓素顏看起來更美」的日子裡，就試試這種妝吧。人人稱讚「素顏怎麼可以這麼美！」的肌膚，是可以靠技巧打造出來的。

但是，畢竟沒有擦蜜粉，這種妝頂多只能維持二至三小時，如果想讓素顏妝更持久一些，就補上礦物蜜粉或保濕蜜粉吧。只不過，粉越擦越厚的話，就不是素顏妝了，所以要好好考量時間問題喔。

只要掌握了技巧，打造出人人稱羨的美肌絕對不是難事。

Chifure 妝前飾底乳（綠色）35g ¥486／Chifure 化妝品

CEZANNE 泛紅修飾遮瑕膏 13g ¥648／CEZANNE 化妝品

Sinn Pureté 遮瑕膏 6g ¥2916

006

出浴妝要保持睫毛捲翹

你是否曾經對卸妝過後，還要見人而感到煩惱呢？比方說，泡溫泉後的用餐、洗完澡後臨時要出門等等。嫌化妝麻煩，但又想給人一種出浴美人的形象，化妝高手碰到這種情況也不會亂了陣腳。

在這裡要介紹的是，用卸妝水就能輕鬆卸除的妝，因為方便卸妝，在「今天不想化妝，想讓肌膚清爽一點」的日子也能派上用場。

要上妝的部位只有肌膚和眼睛周圍而已，保養過後，在肌膚上擦上平時的粉底，然後在美肌部位再多擦一點粉底就完成了。

如果你有BB霜或氣墊粉餅的話，那就更輕鬆了。氣墊粉餅中含有滋潤成分，再加上是粉餅類型，只要輕輕擦上一層就能散發光澤，在這種情況下非常方便。

接著，「用睫毛夾將睫毛往上夾」即可。前面提過將睫毛往上夾，能夠讓眼睛看起來更大，即使沒有刷睫毛膏，睫毛捲翹度夠也能效果十足。

眉毛比較稀疏的人，請記得畫眉毛，就算只是用眉粉稍微刷一刷也沒關係，這樣就足以讓剛出浴的肌膚看起來乾淨明亮。

如果還想讓眼睛看起來更大，將睫毛往上夾以後，再用眼線筆將睫毛之間的空隙填滿就可以了。這時候，眼線只要畫到眼尾的三分之二就好，這樣才不會有太明顯的妝感。

卸妝時，用化妝棉沾取卸妝水輕輕一擦即可。

剛出浴也不用煩惱的淡妝技巧，請大家學起來喔。

WELEDA 金縷梅淨膚卸洗乳 100ml ¥2808／WELEDA JAPAN／台灣售價 NT.700

Country & Stream 蜂蜜植萃卸妝水 250ml ¥972／井田 Laboratories

LA ROCHE-POSAY 理膚寶水清爽保濕卸妝潔膚水 200ml ¥2808

07

優秀的有機修護保養品們

皮膚龜裂、割傷、鞋子磨腳……這些不用特地跑到醫院治療小傷，我最愛用的是蜜蜂爺爺的神奇紫草霜。

nahrin的草本精油清涼、提神，我通常會用在脖子、肩膀僵硬或頭皮按摩時。

此外，在炎熱的夏天裡想降溫時，我會用北見的薄荷精油。只要在濕毛巾上滴上一滴，再敷在脖子後方，就可以迅速止汗。此外，花粉症或鼻炎時，也可以滴在手帕上嗅一嗅，也有防蟲的效果。

BURT'S BEES 蜜蜂爺爺神奇紫草霜 15g ¥1836／Bluebell Japan／台灣售價 NT.315

nahrin 草本精油 33+7 15ml ¥2916／stytice

北見薄荷精油噴霧 10ml ¥1080／北見薄荷通商

008

口紅塗得厚厚的，嘴唇才不會乾燥

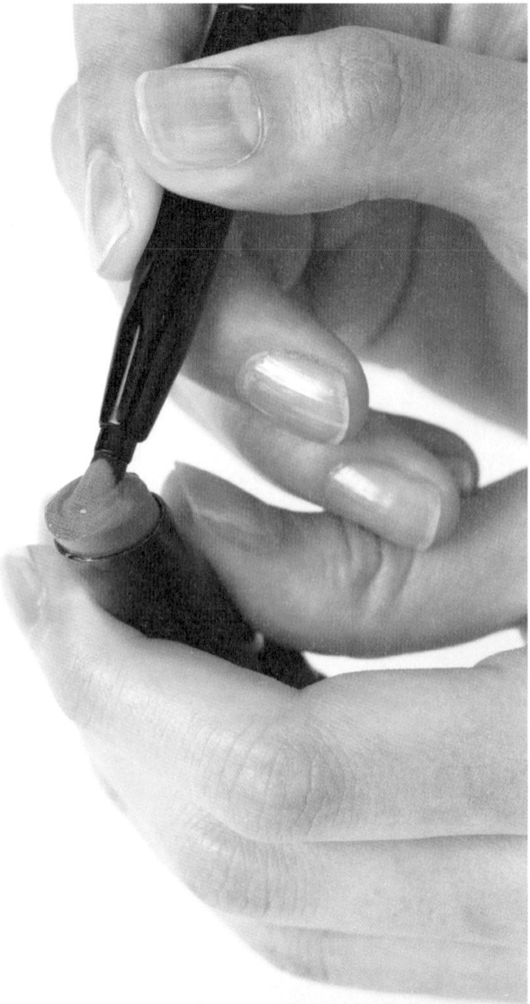

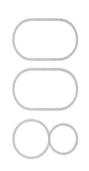

大家應該都有經驗，在塗完口紅後，有時候嘴唇會變得很乾燥。但就算嘴唇狀態不好，還是有方法可以將嘴唇塗得很水潤。

首先，這個方法要在早上進行。

需要準備的工具是唇刷。用唇刷沾上滿滿的口紅，像圖片中一樣，完全是「確實」沾滿整個刷頭也不為過的程度。用唇刷在口紅的前端畫圓，讓口紅溶解，關鍵是要讓整個刷頭沾滿口紅。接著，再用這個唇刷來刷唇彩。口紅溶解成液體，再用沾滿口紅的唇刷來塗口紅，嘴唇不只不會乾燥，色澤與光澤都比以往更美。不要忘了在塗完之後，要用手指在嘴唇周圍稍微抹一抹，讓輪廓帶點朦朧的感覺，唇彩也會顯得更加自然。

如果到了傍晚嘴唇還是很乾燥的話，那代表肌膚保養後的護唇膏不夠保濕，在擦護唇膏時，也要塗上厚厚的一層。

最近的口紅相關產品很多都含有保濕或美容成分，塗好塗滿，不僅能展現更美的色澤，同時也有修護嘴唇的效果。

009

大哭過後，眼睛下緣
不發黑的祕密在於蜜粉

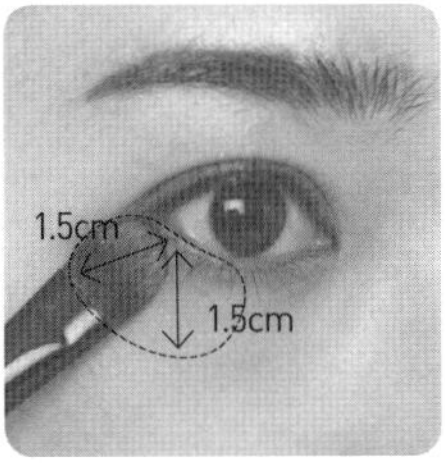

要上蜜粉的範圍如圖所示，
請要確實擦上。

就算大哭過後，眼睛的下緣也絕對不會發黑！其實這樣魔法般的技巧真的存在。這裡要教大家在新娘又哭又笑的婚禮現場，為了新婚夫妻一生只有一次的美好舞台而發明出來的小技巧。不少人因為這個不管怎麼大哭都不動如山的妝容感到驚奇：「哇，真的完全不會脫妝耶！」看催淚電影的約會之前，或是受到婚禮邀請等等，在這些「可能會哭」的情況下，不妨嘗試看看喔。

方法很簡單，在平時的妝容上，只要「在下眼瞼的眼尾擦上透亮蜜粉（粉狀）」即可。

眼妝之所以會脫妝，是因為睫毛膏或眼影碰到水分後，溶解而混和在一起。液體本身是沒有辦法和粉末結合的，如果下眼瞼多擦上了一層粉，就算因為睫毛膏或眼影因為淚水而溶成液體，也會直接從蜜粉上滑落。反過來說，如果下眼瞼因為水分或油分而濕濕的話，被染黑的淚水就會停留在下眼瞼，導致眼睛周圍看起來黑黑的。所以，一定要徹底保持下眼瞼的乾爽。

擦蜜粉的方式也是這裡重點之一，會不會脫妝將取決於蜜粉夠不夠服貼。

要擦上蜜粉的範圍如圖所示，從下睫毛的生長處到眼尾的部位，大約是眼尾一·五公分左右的範圍。

大家只要用手指將臥蠶或眼睛下方的皮膚稍微往下拉，就會知道皮膚是凹凸不平的，而且還有一些交疊的地方。為了讓蜜粉也徹底擦到凹陷處，將眼睛下方的皮膚往下拉，再用粉撲或眼影筆將蜜粉擦在眼睛的邊緣。

用按壓的方式擦上蜜粉，往左右兩側的方向來回刷上二至三次。

然後用手指摸摸看下眼瞼，覺得粉感很「乾爽」時，便完成了。其他部位維持皮膚保養的「濕潤感」就足夠了，但只有這個重點部位要保持乾爽。

如果再將眼影盤裡的米白色或珠光粉擦在臥蠶上，眼尾的蜜粉就有雙層，也就更不容易脫妝了。甚至還能襯托出一些充滿女人味的水潤感。

只不過眼型或哭臉會因人而異，有些人還是很容易脫妝的。這個技巧很難一次就學會，還是只能靠練習了。

SOFINA Primavista 零油光蜜粉 ¥3456（編輯部調查）／花王／台灣售價 NT.950

ESPRIQUE 丰靡美姬・幻粧 無痕裸透蜜粉 13g ¥3780（編輯部調查）／ KOSÉ

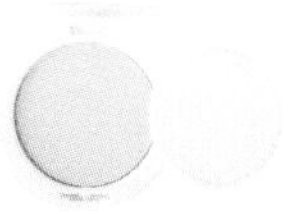

HANA ORGANIC 光感透亮蜜粉 ¥ 3456 ／ esola forest

010

沾濕粉撲，
盛夏來臨也絕不脫妝

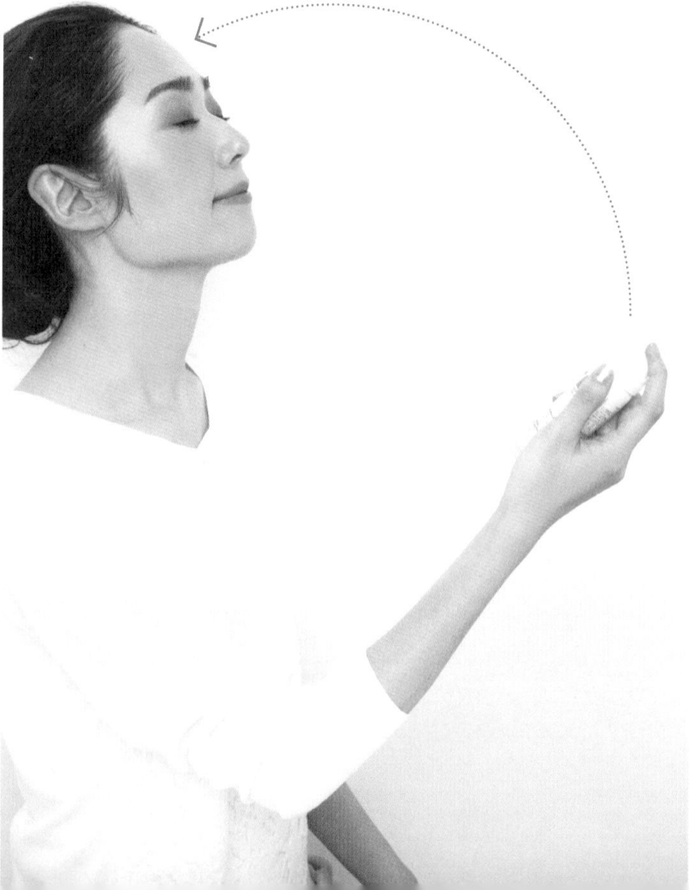

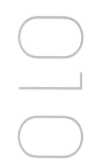

參加盛夏時期的活動、在大太陽底下四處奔走……如果不想要因為夏天而脫妝的話，擦粉底時，可以試著沾濕平時用的粉撲，這麼一來就可以有效防止脫妝。

用沾濕後擰乾的粉撲來擦粉底的話，就會稍微帶有一些水分。雖然水分很快便會蒸發，但粉底的貼合度會比平時要來得更好。

最近也有些藥妝店開始販售可以沾濕使用的粉撲，使用這種粉撲可以提升底妝的服貼度。因夏天容易脫妝而煩惱不已的人，可以嘗試看看。

步驟就只是用沾濕的粉撲將平時的粉底輕拍到臉上而已。

此外，最後在臉部整體擦上混和的透亮蜜粉，就能擁有超強的持妝效果。透亮蜜粉的功用在於吸收皮脂和汗水，讓底妝更加服貼，所以也會更加不容易脫妝。

最後，再噴上一層持妝噴霧。這能讓妝容在吸收水分後，更加貼合肌膚。不過，要是距離太近的話，會讓好不容易化好的妝就這樣泡湯了。適當的距離要像44頁圖示一樣，將噴霧朝向天花板，用臉去接飄下來的水霧，重複一至二次後，肌膚不但會保有光澤感，妝容也會更加服貼。

這個就是「添加一些水分，讓蜜粉凝固」的原理，所以乾燥效果也比平時要來得好一些。只要每天做好保養工作就沒有問題，但這畢竟是針對夏天採取的做法，千萬不要誤以為一整年都適用。

植村秀　五角海綿粉撲（4 入）¥540／台灣售價 NT.500

果凍感低敏粉撲五角形 6 入 ¥518／ROSY ROSA／台灣售價 NT.199

3D 立體粉撲（迷你綜合型 3 入）¥734／ROSY ROSA／台灣售價 NT.279

01

夏日運動的最強持久妝

夏天的海灘、音樂季、大量流汗的運動等等，這些情況下，大家應該都想帶著完妝痛痛快快地參與吧。

其實只要掌握了訣竅，就可以打造出跑完全馬，也完全不脫妝的最強持久妝。我本人已經親自實驗過了，所以，可以很有自信地向大家推薦。

這種時候我們一樣要藉助水的力量，在挑選時，不要選擇濃稠狀的粉底液，而是選用雙層水粉底，需要搖一搖讓粉底液混和在一起的那種產品。

這類型的粉底液是以水和粉底液結合而成的，在肌膚上推開時就會瞬間凝結，與肌膚緊合貼合，相當不容易脫妝。

只不過這種水粉液質感較為稀薄，多半很難在美肌部位擦出厚重感，所以建議要先在臉部整體擦上薄薄一層，然後再針對美肌部位擦上粉底。

使用這類型的雙層水粉底就能完成不脫妝的完美底妝。

這種用粉底液打造出來的底妝是，最強的持久妝。
最後一樣要噴上一層持妝噴霧。

蠟菊保濕露 50ml ¥2700
／L'OCCITANE 歐舒丹
／台灣售價 NT.780

012

維持一整天不掉色的口紅是「唇釉」

無論是眼影或口紅，都有絕對不脫妝的產品。

首先，眼影要挑選有速乾效果的「眼影霜」。這類型的眼影能夠緊密貼合肌膚，比起粉狀眼影更能夠長時間持妝。對於常常為眼影暈開而困擾的人是很優秀的產品。

此外，口紅又分為「唇釉型」和「唇蜜型」，這些不同於一般的口紅，目的不在於為嘴唇上色，而是自然襯托出嘴唇的血色。如果像塗護唇膏一樣均勻地塗上厚厚一層，其中的成分就會滲透進嘴唇，一整天唇色鮮明不掉色。雖然輕輕塗上口紅能夠體驗淡色唇彩的樂趣，但是不想掉色的人還是用點力，塗上厚厚的一層吧。

百變嘟嘟翹唇筆 02 晶潤玫瑰 ¥2376／CLINQUE 倩碧／台灣售價 NT.750

KATE 幻色持久唇釉 OR1 ¥1400（編輯部調查）／Kanebo 佳麗寶

OPERA 渲漾水色唇膏 01 ¥1620／Imju／台灣售價 NT.380

想展現精明幹練的形象，就皺起眉頭

今天要上台報告、和新的合作對象碰面等等，「想展現出精明幹練的女性形象」時，就稍微皺起眉頭吧。

想要營造「精明幹練的女性」的形象，最有效的方式就是讓你的眉形帶點英氣。

化完平時的眉彩之後，像是要多畫一、二根眉毛一樣，在眉頭的內側擦上粉彩，再用螺旋眉刷沿著眉型梳勻，重複個一至二次後，自然的眉毛就完成了。

接著，再用無名指輕輕地從眉頭劃到鼻翼，這個動作可以將眉頭的眉彩往下延伸，製造出淡淡的鼻影，五官也會因此更加立體，給人一種凜然的印象。

014

扮演輔佐角色時，妝容宜抑止光澤

陪上司去晤談、擔任歡送迎新會或派對的負責人、主持講座……

雖然想給人「工作俐落的印象」，但扮演輔佐角色又不能太搶風頭，在這種情況下，避免光澤肌的化妝方式才是信賴的保證。

雖然肌膚的光澤可以讓人看起來更年輕有活力，很重要，但是襯托出的女人味有時候會比主角還醒目，根據地點和場合的差異，有可能會搶了別人的風頭。

這時候為肌膚打造霧面妝感，就能呈現保守一些的女人味。

化妝方式就是在平時的妝容上，在臉部整體輕輕拍上一層透亮蜜粉，內側的光澤感和上方覆蓋的蜜粉效果，就能襯托出穩重的氛圍。

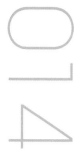

讓對方敞開心房的杏色腮紅

想展現溫柔女性的氣質，或是從事接觸人群的工作的人，我建議大家可以選擇著重杏色腮紅的妝容，且對於銷售人員是再適合不過了。

做法很簡單，上完粉底液後，直接用沾有粉底的粉撲來擦腮紅霜。接著再擦上蜜粉，結束一般的化妝步驟後，最後再擦上杏色的粉狀腮紅就完成了。

左側介紹的這幾款腮紅霜沒有透明感，所以，不會顯露出肌膚粗糙的部分，所以我建議大家可以挑選沒有透明感的腮紅霜。

杏色的優勢在於會散發出溫和的氣質，帶有令人卸下心防的明亮感，但卻不會過於豔麗，也就是說，能夠大幅提升好感度。這個顏色在異性與同性間都很受到歡迎，大家不妨嘗試看看。

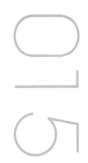

VISEE 純真唇頰彩 BE-5 ¥1080（編輯部調查）／KOSÉ 高絲／台灣售價 NT.280

無印良品 唇頰霜 珊瑚色 ¥800／台灣售價 NT.280

CANMAKE 腮紅霜 甜杏色 ¥626／井田 Laboratories

保養復習

在前一本《大人的化妝書》中，向各位介紹了能夠被人人稱讚的化妝方式。乍看之下看不出來與平時有什麼差別，並沒有因為妝容而變得過於顯目，但卻能夠確實改變氣質的化妝方式。

如果想深入瞭解細節和觀念，希望大家也可以參考看看那本書。不過，現在要先復習一些基本技巧。

首先，想要打造完美底妝的「光澤肌」，最關鍵的就是肌膚保養的階段。一旦掌握了肌膚保養的技巧，就算使用的是平時的保養品，也能時時刻刻充滿滋潤。

需要用到的保養品分別為化妝水（噴霧、化妝水）、保濕美容液、乳液或乳霜（夜間用）、抗UV乳液（白天用）共五種。

保養的重點在於要使用二種類型的化妝水，以及塗抹保養品的方式。

一開始先使用噴霧狀的化妝水，選用便宜的產品也沒關係。洗完臉之後，立刻噴灑在臉上。這麼做就能稍微防止肌膚乾燥，同時也能讓肌膚更加軟嫩，還能夠提升下一種化妝水的滲透效果。

接下來，另一種化妝水要選用能夠確實保濕的產品，塗抹的方式也是關鍵。

首先，像是洗手般，將建議用量的一·五至二倍的化妝水倒在手心裡。接著，仔細塗抹，連眼睛周圍、鼻翼、法令紋等等的細節都不要遺漏。皮膚交疊的地方就稍微拉一下皮膚，將下陷的地方也塗抹均勻。一邊做鬼臉一邊塗，就能仔細地塗到每一個角落。兩個星期過後，眼睛周圍的細紋就通通消失了。

在這之後的保濕美容液、乳液或乳霜也使用相同的量，一邊做鬼臉一邊塗抹。在肌膚保養的階段，最重要的就是量了。祕訣就在於要充分滋潤，與其節省使用高價產品，不如選擇自己能夠負擔金額的產品大方使用，對肌膚才是好事。

抗UV乳液只在白天使用。雖然市面上也有抗UV妝前乳或抗

UV的粉底，但建議大家在保養階段只要專注在抗UV就好。在這個階段確實做好抗UV工作，就能有效預防色斑和皺紋。雖然市面上有抗UV功效的乳液並不多，之後的內容會介紹幾項產品給大家。

完成保養工作後，可以用手背觸碰看看臉頰，如果觸感是「彈嫩」的話，就代表很完美！最好是會稍微吸附手背皮膚的彈性，以及殘留水潤的柔嫩感，如此一來，不但可以提升後續上妝的服貼度，完妝後也會充滿光澤。

1

使用噴霧化妝水後，
在手中倒入滿滿的化妝水，
塗抹在臉部整體。

2

睜著眼睛塗抹到
每個細節。

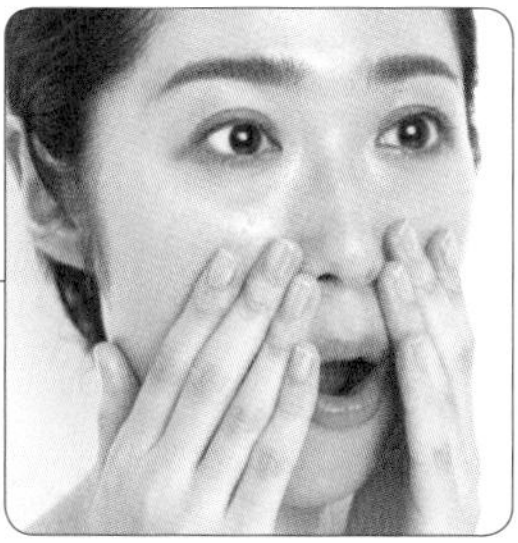

3

張著嘴巴，
延展整張臉
的皺紋。

4

不要忘了還有
太陽穴和下巴下方。

5

為了產出光澤感，
同時塗上美容液。

6

早上用的乳液選擇
含抗UV效果的產品。

7

記得擦上護唇膏。

為了這個復習
而特別再次登場的
《大人的化妝書》的
模特兒！

8

用手背觸碰看看，
確認肌膚是否有彈性。

9

以這種程度的光澤感為目標！

One More Lesson | 02

底妝復習

接下來，簡單復習一下化妝步驟吧。

我的化妝方式是「不脫妝的妝容」。透過每天化妝來磨練技術，最後甚至可以達到不需要補妝的程度。

首先，使用兩種類型的妝前乳。在眼睛周圍令人介意的暗沉部位塗上粉色妝前乳，皮脂分泌旺盛的T字部位、鼻翼、鼻翼兩側、下巴等等，塗上毛穴隱形功效的妝前乳。

粉底則選用延展性佳的粉底液，在眼睛下方到顴骨隆起處的區域擦上滿滿的粉底，這一塊就是我們稱為「美肌部位」的範圍。

一旦美肌部位好看，就能讓人產生「整個皮膚都很好！」的感覺。反過來說，除了這個部位之外的地方，都不用太在意。

因為要在美肌部位擦上厚厚一層粉底，所以先用手指沾到臉上，再用粉撲輕輕推開，注意不要不小心推得太開而讓粉底變薄了。最後再將殘留在粉撲上的粉底沿著眼睛周圍、臉頰下方、額頭等其他部位輕輕按壓。

接著，從臉部正面擦上圓圓的腮紅霜，顏色可以選擇杏色系，不但很適合亞洲人的膚色，也是好感度極高的顏色。腮紅是最容易脫妝的部分，只要再擦上蜜粉，就能持妝一整天。

底妝的最後一個關鍵是礦物蜜粉與透亮蜜粉，使用這兩種類型的蜜粉，能維持保養階段殘留下來的水潤感及光澤感，而且會變得比較不容易脫妝。

我把礦物蜜粉稱作「砂糖」，把透亮蜜粉稱作「鹽」。礦物蜜粉的作用在於保濕、產生光澤，而透亮蜜粉的作用則是吸收皮脂或汗水的水分，保持乾爽又能防止脫妝。

首先，在皮脂分泌旺盛的T字部位、鼻翼、鼻翼兩側擦上透亮蜜粉（鹽），這麼一來，即使出汗、出油，透亮蜜粉（鹽）都會完全吸收。乾燥肌的人絕對不能把透亮蜜粉（鹽）擦在整張臉上，肌膚會因此失去光澤，呈現霧面感。

最後再將礦物蜜粉（砂糖）擦在T字部位以外的部位，用蜜粉刷仔細地刷到每個角落，這樣就能呈現出具光澤感與水潤的薄紗效果。

關於腮紅、眼妝、眉毛等的詳細復習內容都收錄在本書末附錄中。

查看復習內容後，好好努力，把每天的化妝過程當作是一種訓練吧。

①

使用兩種妝前乳

防止脫妝的
毛孔隱型妝前乳

塗抹在鼻翼、鼻翼兩側、T字部位、下巴等皮脂分泌旺盛的地方

消除暗沉的粉色妝前乳

只塗抹在眼睛周圍

為了這個復習
而特別再次登場的
《大人的化妝書》的
模特兒！

②

粉底只擦在「美肌部位」上

3

只在鼻翼、鼻翼兩側、T字部位、下巴擦上透亮蜜粉（鹽）

4

T字部位以外的地方則擦礦物蜜粉（砂糖）打造一層光澤薄紗

016

用最少的保養品
維持最佳肌膚的旅行包

每次旅行時，你是不是花了很多時間收拾保養品呢？環境會隨著旅行有所改變，膚況也很容易變差，但還是希望可以盡量減少攜帶的保養品吧。我就來教大家如何整理出既輕便又能守護肌膚的旅行包吧！

首先，絕對不能缺少的就是多功能乳霜和修護膏。你是不是也常常在移動的交通工具中，或是抵達目的地之後，覺得特別乾燥呢？不只是肌膚而已，頭髮和身體也會跟著乾燥起來，所以準備一個臉部、頭髮、全身都能使用的修護產品就沒問題了。122頁所介紹的隨身保養品是最理想的。

其他必要的保養品總共有七項：

①化妝水×二種類（什麼種類都ＯＫ）

②酵素洗顏（一天份，其他幾天可以用一般的洗面乳試用包等等）

③卸妝乳（潔膚水也ＯＫ）

④保濕型美容液

⑤乳液或乳霜

⑥抗UV乳液

⑦抗UV噴霧

基本上，全部都是試用品也沒關係，重點在於化妝水要攜帶兩種。一種是要替代噴霧型化妝水的，就算是平價的產品也沒關係，也可以將兩種化妝水分裝成小瓶。只要使用兩種化妝水，就算出門在外，也能維持水分，滋潤肌膚。

此外，保養品並沒有非要什麼品牌不可。最近幾乎沒有保養品擦起來會讓人感覺很差的，大家可以放心使用。保養時也要做到平常的「彈嫩」程度，不管面對什麼環境都能天天維持在「彈嫩」狀態的話，就代表你的保養工作做得很出色。

外出旅遊的話，我會推薦酵素洗顏。在每天忙碌的生活裡，往往沒時間做酵素洗顏這種額外的保養，但酵素洗顏的產品大多都會分成小包裝，很適合在旅行時使用。正因為外出旅遊，可以徹底清洗乾淨，修護角質，肌膚也能清清爽爽地獲得清潔。

017

用最少的化妝品，
漂漂亮亮旅行的旅行包

旅行時大家也想盡量減輕化妝用具吧。擅長化妝的人，出外旅遊時，化妝包裡絕對不會裝用處不大的東西。

要帶出門的總共有八項，盡量都以輕巧型的尺寸為主。

①攜帶型透亮蜜粉（鹽）
②眉彩（附螺旋眉刷）
③粉底棒（一般的粉底液也ＯＫ）
④眼影
⑤粉撲
⑥睫毛夾
⑦粉狀腮紅（杏色）↓附在腮紅刷裡
⑧礦物蜜粉（砂糖）↓附在蜜粉刷裡

這樣一來，只需要中型化妝包就裝得下了。

③的粉底棒可能不容易找，但粉底棒就是固態化的粉底液，擦在肌膚上的觸感跟粉底霜有些相似。只要有一支，外出化妝就方便許多，

而且攜帶方便，早上來不及化妝時，可以放進化妝包裡帶出門。

⑦和⑧只要附在筆刷裡的話，攜帶上就很方便。將粉末倒在蓋子上，在筆刷上沾滿蜜粉，再將刷頭朝上，用刷筆的前端在桌面上輕輕敲幾下，蜜粉就會掉進刷毛裡，只要再將筆刷裝進透明的袋子裡就完成了。

外出旅遊時，不帶妝前乳也沒關係。大家可以檢視自己臉上的魅力重點，如果有可以扣除掉的部位，就不需要帶化妝品了。比方說，皮脂分泌不多的話，就可以不用帶透亮蜜粉（鹽）。眼瞼有自然的色素沉澱的話，就把眼影留在家裡……用最少量的化妝品打造漂漂亮亮的自己，快快樂樂地去旅行吧！

018

「特別想強調美肌」時，使用粉色飾底乳

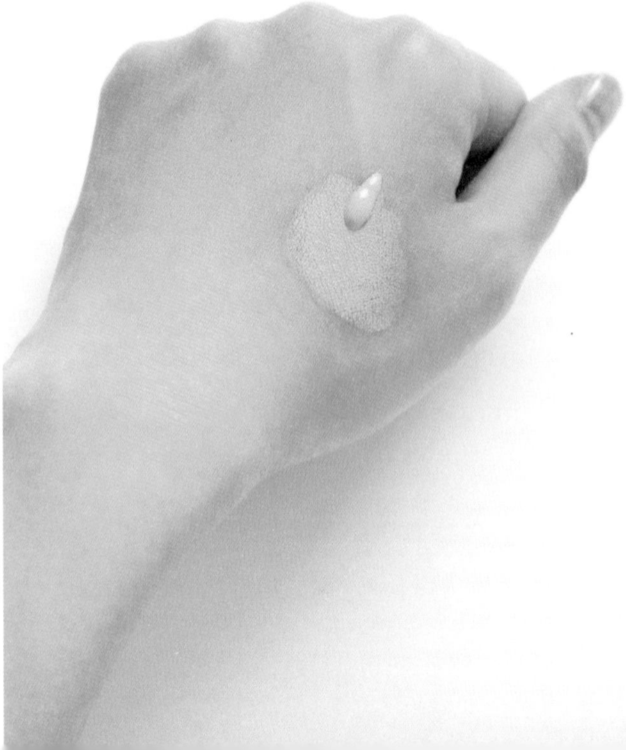

如果你「今天想展現最強美肌！」，就將塗在眼睛周圍的「粉色飾底乳」混和著粉底使用吧。

如同59頁所寫的，美肌部位指的是眼睛下方到顴骨隆起處的範圍。只要美肌部位無瑕，就會讓產生一種「皮膚真好！」的印象。所以要將混和了粉色飾底乳的粉底擦在這個部位，先稍微在臉部整體擦上平時的粉底後，再將混和了粉色飾底乳的粉底擦在美肌部位上。先將粉底飾底乳擦在眼睛周圍，然後再上一層混和過的粉底，肌膚的色調就會變得更加明亮。美肌部位通常會有很多色斑、雀斑、黑眼圈。只要美肌部位看起來很漂亮，其他東西就會變得很不醒目。有了粉色飾底乳，就算沒有遮瑕膏，也能單靠底妝打造出「零暗沉肌」。

NOV 娜芙 潤色防曬隔離霜 粉紫 SPF30 PA++ 30g ¥2700 ／常盤藥品工業／台灣售價 NT.900

魔法肌密瓷釉光 BB 霜 00 25g SPF35 PA+++ ¥3024 ／ANNA SUI

Only Minerals 天然隔離底霜 SPF27 PA+++ 25g ¥3024 ／YA-MAN 亞曼

老化嚴重，不知道該從哪裡下手才好

四十歲過後的人常常告訴我，「不是色斑或皺紋這種小細節，而是臉部肌膚整體產生了變化」。

如果開始察覺到了老化，希望大家可以更重視化妝水。每天確實塗抹化妝水，將保濕工作做到臉部的每一個角落，肯定不會再讓你產生「老化好嚴重！」的想法。無論是色斑或是皺紋，都是因為肌膚乾燥而引起的。唯有化妝水能做為打造細緻水潤肌膚的基礎。化妝水的作用是滋潤肌膚的角質層，提升肌膚的透明度，而乳液是防止蒸發的防護作用。也就是說，最能夠滋潤肌膚的東西就是化妝水了。

請大家務必天天磨練化妝水的技巧。

不管早上再怎麼匆忙，晚上再怎麼疲憊，我都不會在肌膚保養的工作上偷懶。只有這件事要特別重視，化妝可以透過掌握一些訣竅和技巧來讓自己看起來更美麗，但肌膚保養則是一旦偷懶了就無法挽回的。

020

Column

口罩妝只需要化眼妝

碰上花粉症或感冒而戴著口罩時，大家都是怎麼處理妝容的呢？畢竟戴著口罩，也不想在臉上塗塗抹抹太多東西，但如果沒有帶妝的話，又不太敢出門……

其實口罩妝只需要擦上薄薄一層粉底，之後再化眼妝就足夠了。

一如往常地也在美肌部位擦上粉底，製造出光澤感，重點在於要讓口罩以外的肌膚看起來很漂亮。眼妝的部分只要用睫毛夾、睫毛定型液和眼線即可，不需要睫毛膏和眼影。只要做好這兩點，就能放大雙眼，打造出自然的妝感。

因為工作需求而長時間戴口袋的人，只要針對這兩點化妝，就能襯托出清潔感。

image of
it girl!
Make-UP

技巧，從不辜負人

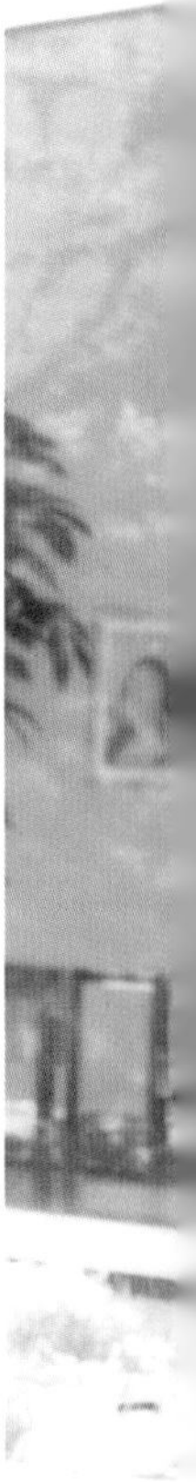

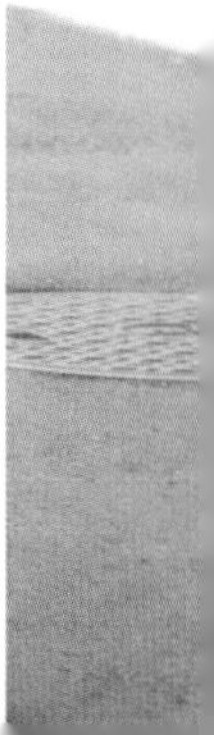

Chapter

2

Eye Make

打造讓
雙眼集中的妝容

021

眼睛周圍的色素沉澱能放大雙眼

如果眼睛周圍有色素沉澱，不妨當作是一件很幸運的事。眼皮和臥蠶上的色素沉澱能夠製造出天然的「陰影」，讓眼睛看起來更大。

要是平時總是認定「這團髒髒的東西是敵人！」而想盡辦法遮瑕的話就虧大了。請不要做任何修飾，眼睛周圍的肌膚暗沉，是渾然天成的美人元素。

要做的事情很簡單，那就是「不要在眼皮及臥蠶上擦粉底」。

眼睛周圍的暗沉，不做任何加工也能形成陰影，不如活用色素沉澱，讓雙眼看起來更大吧。

題外話，如果在臥蠶上塗抹粉底或遮瑕膏的話，會讓眼睛看起來很小，所以要好好珍惜眼睛周圍的暗沉。

022

睫毛多捲翹
比睫毛膏更重要

眼睛大不大取決於「睫毛多捲翹」和「用眼線填補睫毛的間隙」，都要和睫毛的量或長度沒有關係。就算多刷幾層睫毛膏，眼睛看起來也不會比較大。睫毛太過厚重的話，反而會讓眼睛看起來很小，只會給人一種「刷了很多層睫毛膏的人」的印象。

擅長化妝的人，睫毛膏只會迅速刷過一次，這樣就已經足夠了。想讓雙眼看起來更大，就應該要把睫毛夾得又捲又翹。

千萬不要忘了在睫毛上刷上一層定型液，雖然我已經強調過很多次了，但比起睫毛膏，真正能讓雙眼看起來更大的是睫毛定型液。

認為睫毛膏可以增強睫毛的數量和長度已經是過時的資訊了，不如改善自己的化妝方式，發揮自己的、自然的睫毛的特性。

CANMAKE 睫毛復活液 ¥734／井田 Laboratories／台灣售價 NT.295

Elégance 睫毛打底膏（濃密型）¥3240／Elégance Cosmetics

雙眼浮腫時，用棕色眼影完美修飾

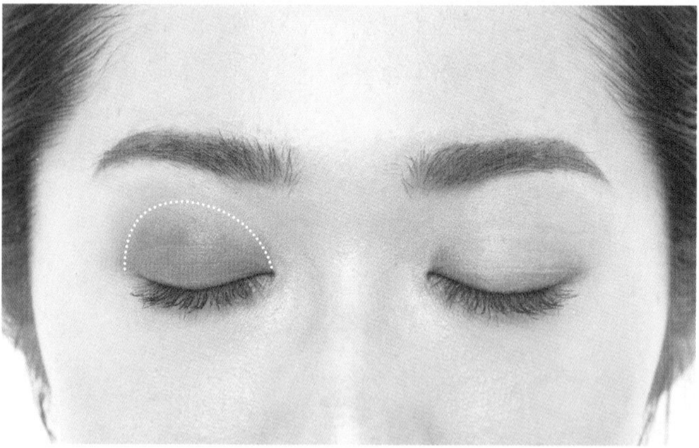

只有左眼擦了棕色眼影。

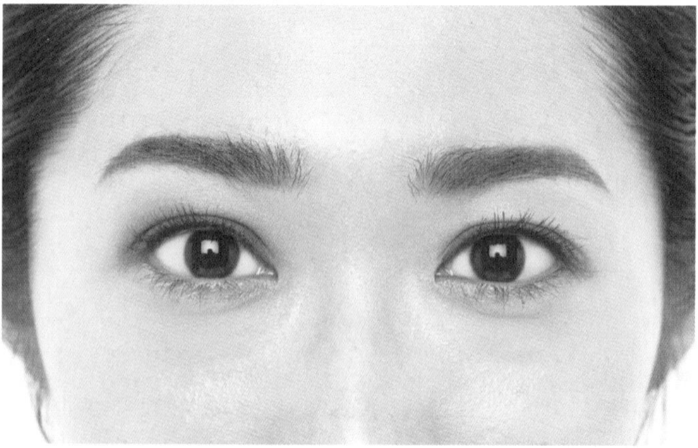

只擦左眼時，睜開眼睛的模樣。

身體不舒服時、生理期、大哭過後的腫脹雙眼，只要使用眼影，就能讓雙眼恢復精神。

這個情況要使用的是棕色的眼影。沒有棕色眼影的人，也可以用眉彩盤的棕色取代。棕色的功用在於替眼皮製造陰影，有了陰影之後，眼睛看起來就會稍微凹陷一些。

重點在於塗抹的範圍，範圍要比平時的眼影塗的面積更大，延伸到眉毛下方的骨頭，擦滿整個眼皮。用手指在這個大到驚人的範圍上推開眼影，若是下手不夠重就無法達到效果。

一開始先擦在眼皮上，然後再一口氣延伸到眉骨下方的眼窩，運用眼影製造出陰影的效果。其實顏色越深，陰影也會越明顯，但是看起來會很不自然，所以只要選擇和膚色相近的棕色、米色的話，就肯定不會失敗。浮腫的雙眼是不需要畫眼線的，畢竟眼皮的肉交疊在一起，就算畫了眼線也看不見，睫毛夾也只需要夾翹睫毛的根部即可。想完美掩飾浮腫雙眼的人可以利用戴眼鏡來製造一些陰影。

橘色眼影
讓凹陷的雙眼更豐腴

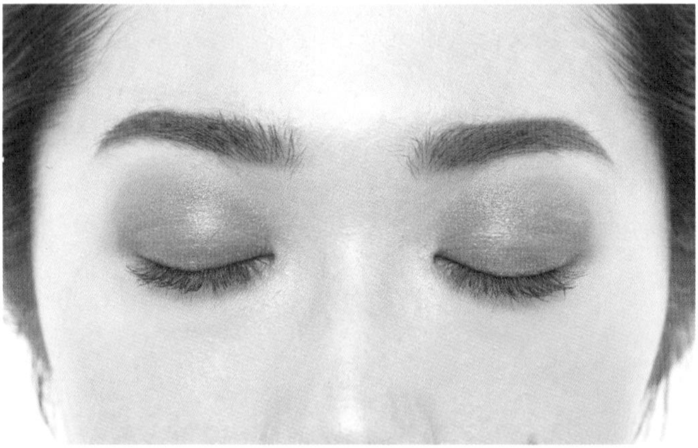

可以往早上的棕色眼影上再疊一層。

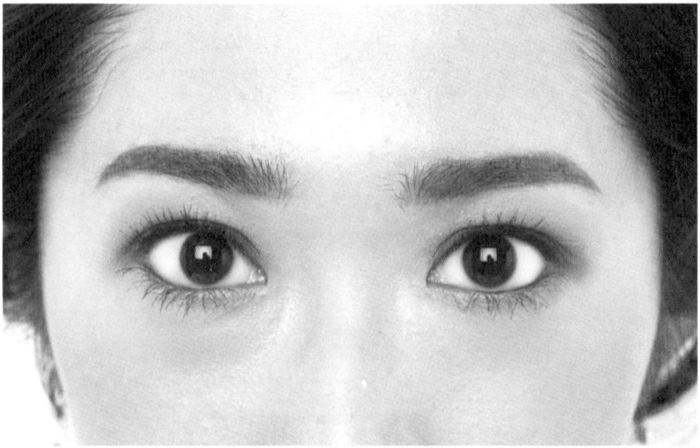

雙眼上妝後，睜開眼睛的模樣。

RMK 經典眼影 N 21 柔和珊瑚 ¥2376 ／台灣售價 NT.800

NARS 星燦奢華眼影 1947 閃耀玫瑰金 ¥3456 ／台灣售價 NT.1000

PRISM 單色眼影霜 005 ¥864 ／ RIMMEL

有時候到了傍晚，眼皮就會下陷，看起來很憔悴……雙眼凹陷時，一樣可以用眼影來解決問題。

碰到這種情況時，就在眼皮上擦上橘色系眼影吧。如果沒有橘色眼影的話，用杏色腮紅代替也可以。需要塗抹的範圍和浮腫的情況時一樣，從眼皮一直延伸到眉骨下方眼窩的大範圍。只要在這個區塊上色，眼睛就會瞬間變得較為豐腴。也可以像圖片一樣，早上是帶著棕色眼妝出門，傍晚覺得眼皮有些下陷的話，就直接在上方覆蓋一層橘色眼影。

此外，有些人隨著年齡的增長，眼皮總是處在有些凹陷的狀態，那就從早上開始帶著橘色眼妝出門吧。這個顏色對於「好像老了」或「好像很憔悴」的情況非常有效。另外，對凹陷的雙眼來說，最危險的就是「藍色或綠色系」的眼影，因為這些都是製造陰影的顏色，只會讓雙眼看起來更加凹陷、更加憔悴。

025

讓左右眼大小對稱的方法

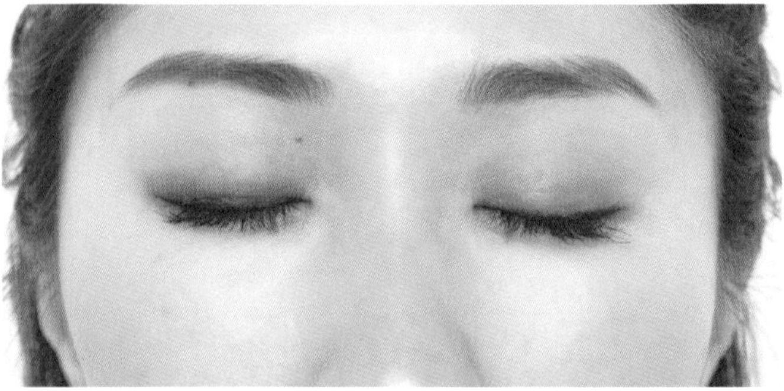

從正面看起來，左邊的眼睛比較小，所以加粗左邊的眼線，右邊的眼線則畫得細細的。

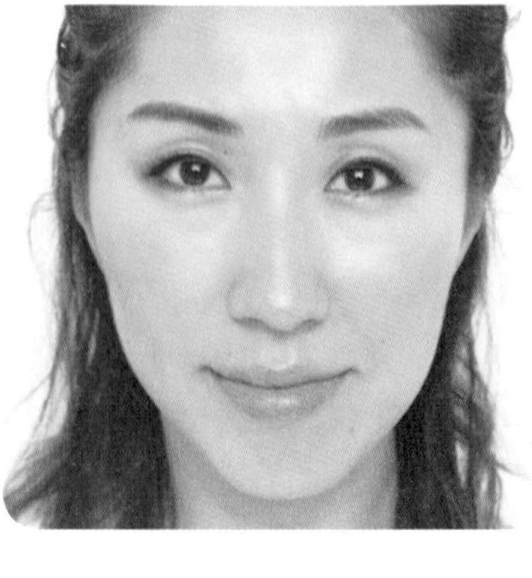

睜開眼睛之後看起來差不多大了。由於模特兒的雙眼本來就是對稱的，這裡就用我的臉來當作範例。

幾乎沒有人的左右眼是完全對稱的。不過，以美感的條件來說，雙眼對稱會更貼近美人的標準。

讓左右眼大小一致是做得到的，只要將比較小的眼睛的「眼線」畫得粗一點就可以了。

首先，先在左右眼畫上同樣粗的眼線。接著，睜開眼睛，確認左右眼的大小，在比較小的那隻眼睛上，「再往上補一條眼線」，之後再睜開眼睛確認。

絕對不會失敗的祕訣在於，每補一次眼線就要睜開眼睛確認左右眼的大小差距。重複個二至三次以後，雙眼的大小就會看起來差不多了。

一開始或許很難掌握「對齊」的位置，但每次化妝時多留意一下，就一定能越來越順手。

接著，一定要再擦上一層眼影，這麼做是為了要模糊眼線，如此一來，眼線就能自然地與陰影融為一體。

基本上不會有人看見你閉上眼睛時的樣子，所以就算左右兩邊的眼線粗細不一致，也不會有人覺得奇怪。更重要的是，睜開眼睛時要讓大家看見大小一致的雙眼。

MAYBELLINE EV 持久眼線膠筆 BK-1 ¥1296（編輯部調查）／MAYBELLINE NEW YORK 媚比琳／台灣售價 NT.410

植村秀 新一代 3 秒魔法眼線膠筆 ¥2808／台灣售價 NT.650

FASIO 超持妝眼線膠筆 BK001 ¥1296 ／KOSÉ 高絲／台灣售價 NT.329

單眼皮的人
好好磨練畫眼線技巧吧！

偶爾會聽到單眼皮或內雙的人說「好想變成雙眼皮！」不過，形形色色的眼睛都有屬於自己的魅力，希望大家可以朝著這個方向努力。雙眼皮確實會讓眼睛看起來比較大，但這並不代表不是雙眼皮的人就不漂亮了。我記憶中的天然美人很多都不是雙眼皮，例如，演員吉高由里子。吉高由里子其實是內雙，也是東方美人的典型代表。不是雙眼皮的話，也就是細長而鋒利的眼型，難得擁有這樣的特色，不如化一個能襯托出特質的眼妝。

非單眼皮的人最需要下工夫的部分就是眼線了。由於眼皮的肉會疊到睫毛的根部上，所以在填補睫毛之間的空隙時，只要從眼尾三分之一處開始畫眼線即可。就算畫了完整的一條眼線，眼頭的部分還是會被擋住，也很容易沾到其他部位而染黑。只要做到這樣，眼眸的印象就已經夠強烈了。另外，單眼皮和內雙的人也可以磨練讓眼尾的眼線微微勾起的技巧。細長的眼型會令人印象更深刻。睜著眼睛，畫到「與地面平行」的高度吧，一下子就能襯托出脫俗的氣質。

027

在睫毛內側畫上內眼線
就會很時髦

當今天出門想要改變一點風格時，可以在眼睛下方的睫毛內側，也就是濕潤的粉紅色部位畫一條內眼線，馬上就能搖身一變成與平時截然不同的時尚妝容。

首先，用以往的方式畫出眼線。

接著，只要用同樣一支眼線筆，在眼睛下方的睫毛內側畫眼線即可。光是這麼做就能大幅改變氛圍，如果還想做更進一步的改變的話，可以再用眼線液筆拉長眼尾，拉長眼尾能散發出一種時尚又神祕的氣質。配合當天的自己，找出最適合自己的長度吧。

內眼線用棉花棒輕輕搓揉就能夠卸除，只不過，睫毛內側的眼線畢竟是畫在濕潤的部分，大約過了二至三個小時就會掉色了。

還有，睫毛內側的眼線只能在特別的日子裡畫。如果天天把眼線畫在保護眼睛的眼瞼上，可能會傷害眼睛。之所以會把眼線畫在這個位置，只是為了改變一下氛圍而已，並不會讓眼睛看起來比較大，能夠放大雙眼的眼線只有「填補睫毛之間的空隙」而已。

眼距寬的人 要將眼線畫至眼頭

五官集中被稱作「正統派美人」的條件。不過，如果覺得自己的眼距比較寬的話，可以將眼線畫到眼頭的最前端，這樣眼睛的間距看起來就會比較靠近一些。

從眼頭開始畫的話，眼睛會比較靠近中間，往內部集中。眼睛集中後，不僅會加深陰影，鼻樑也會看起來更尖挺，五官也更有立體感。畫法就是將眼線仔細畫到眼頭而已，如果再搭配50頁的皺眉妝的話，就更完美了。

將眼線畫到眼頭之後，一定要在眼睛下方擦上透亮蜜粉（鹽）。眼頭的眼線非常容易掉色，眼睛下緣也會因此而受到影響，為了避免這種情況，請記得在眼頭下方擦上鹽蜜粉。從眼頭向外延伸，讓蜜粉滲透進皮膚的縫隙中。用手指觸碰眼睛下方，如果很乾爽的話，就合格了。這個也被稱作是眼下的防波堤。

眼頭的眼線雖然可以打造出美人五官，然而，一旦掉色就充滿危險，所以一定要把蜜粉視為套裝組合，一起使用。

有些人不太清楚自己的眼距是寬的還是窄的，你可以試著在眼頭畫上眼線。如果讓你覺得「妝好濃！」或「好可怕！」的話，那代表你的眼睛本來就是比較集中的類型。這類型的眼睛所畫的眼線只要從黑眼球的上方畫到眼尾即可，如果硬要畫眼頭，反而會降低美人指數，要特別留意。

029

讓眼影沒有皺紋的方法

我常常被問道：「我的眼影都會出現細紋！」但其實只要一個小技巧就能輕鬆解決這個問題。

會出現皺紋的眼皮或臥蠶附近是因為眨眼或笑時常常動到的部位，所以眼影會暈開，還會產生細紋。

眼影之所以會卡在皺紋或雙眼皮的溝槽裡，是因為眼影直接擦在了粉底液上。在粉底的濕潤處擦上眼影，會使眼影和水分混和，進而容易陷入皺紋的溝槽裡。

而在暈妝後，卡在皺紋裡的情形就越嚴重了。

所以要依照59頁的基本化妝流程，一定要在粉底液上擦上礦物蜜粉（砂糖）。如果這樣還是會卡眼影，就再上一層透亮蜜粉（鹽）。在乾燥的蜜粉上擦上眼影的話，就不會陷進皺紋裡了。

抗暈妝的強度為「透亮蜜粉（鹽）＞礦物蜜粉（砂糖）」。不過，透亮蜜粉（鹽）雖然可以抗暈妝，但若擦過頭的話，肌膚會過於乾燥。

很介意的人可以選用礦物蜜粉（砂糖），它可以保持滋潤。化妝高手會將這兩個混和在一起，調配出適合自己的蜜粉。

起初，肯定會碰到明明有擦蜜粉卻還是會暈妝的情況，但隨著每天的練習，一定能練就不暈妝的技巧。

補妝也很容易，只要用手指稍微推開暈妝的部分，再用粉底蓋上即可，最後再擦上眼影就順利復活了。

這麼一來，也能夠打造出不需在意皺紋的眼妝了。

防止眼睛下緣發黑的睫毛夾

睫毛膏或眼線若沾到眼睛下緣，到了傍晚，眼睛周圍都會黑黑的……淚腺發達的人，或是因為眼型而睫毛容易沾到眼睛下緣的人，特別會有眼睛下緣發黑的困擾。

為這些事煩惱的人，首先，先確實夾起你的睫毛吧。

如果用睫毛夾往上夾的話，就能將根部的肉往上拉一公釐。這麼一來，往上翹的睫毛就不會沾到眼睛底下的皮膚，顏色也不會附著上去了。特別附錄中也有關於睫毛夾的小技巧，大家可以參考看看。在我的講座上，許多學生都表示從此不會再掉色了。

此外，另一個有效的方式就是40頁裡所介紹的「大哭也絕對不脫妝的化妝方式」，同樣都是防波堤，就是剛才所介紹的方式，在眼睛下緣擦上一層透亮蜜粉（鹽）。

在化眼妝之前，一定要先用手指摸看看眼睛下緣，確認肌膚是否為乾爽狀態。如果還是感覺得到粉底液，就再仔細地擦上一層蜜粉。這麼一來，掉色的問題就肯定能解決了。

03

Column

七成有張驚訝臉的人都有過於捲翹的睫毛

睫毛越捲翹，眼睛看起來就越大。拿起睫毛夾，用盡全力夾翹睫毛的根部到尾端是不變的鐵則。偶爾也會出現「變成驚訝臉」的人。首先，希望大家先依照附錄中所介紹的睫毛夾小技巧，徹底將睫毛根部和尾端都夾得又捲又翹。如果覺得怪怪的話，可以從睫毛一半的位置調整一下捲翹的角度。

在此希望大家記住的一件事是，絕對不能因為「睫毛捲翹看起來一臉驚訝」或是「睫毛捲翹看起來妝很濃」而完全不打算再使用睫毛夾了！就算只是微微的也好，一定要將睫毛往上夾，女人味就完全寄託在睫毛的弧度上了。

睫毛的前半段一定要全力往上夾，之後可以調整成比較和緩的弧度。只要持續磨練這項技巧，雙眼就會比平時美麗好幾倍。

032

MiMC 植粹精華霜 ¥4104

HerbEAU 修護膏 15ml ¥2484／SSC

Terracuore 洋甘菊修護膏迷你攜帶型 4ml ¥1296／IDEA INTERNATIONAL

Column

化妝包裡只需要修護膏、蜜粉和唇釉

我隨身攜帶的化妝包其實很小一個，只要學會了本書裡介紹的小技巧，幾乎不需要補妝。化妝包裡放的只有修護膏、蜜粉（鹽）、唇釉，這三個而已。

修護膏是萬能的東西，所以我一定會記得帶在身上。既可以當作護手霜，也可以讓指甲和頭髮出現光澤，還可以擦在乾燥粗糙的嘴唇上，甚至是用在頭髮造型上，無論什麼情況，一罐修護膏就能通通搞定。而且香味很好聞，也能用來轉換心情。

我屬於T字部位皮脂分泌旺盛的人，為了避免出油，我都會隨身攜帶鹽蜜粉，恐怕沒有人會不需要蜜粉的吧。此外，口紅的部分我是攜帶能夠襯托出自然血色，不容易掉色的唇釉產品，因為含有保濕成分，也可以做為護唇膏來使用。

image of
it
girl!
Make-UP

嘗試
讓自己擁有
「史上最大」雙眼

Chapter

3

Eyebrow

過長的眉毛，看起來過時

眉尾要「與眉頭平高」「收尾要細」

033

Before

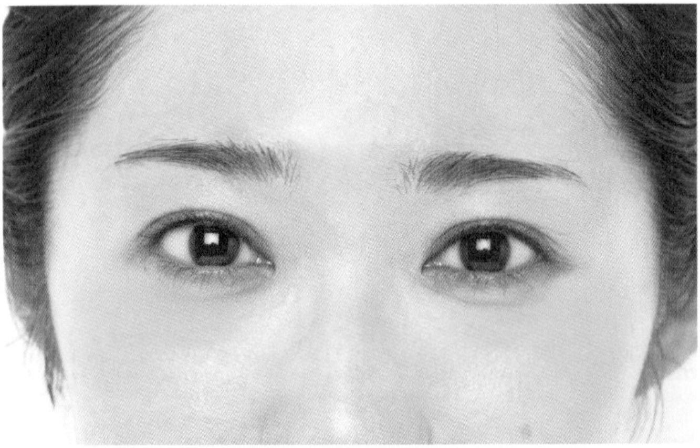

After

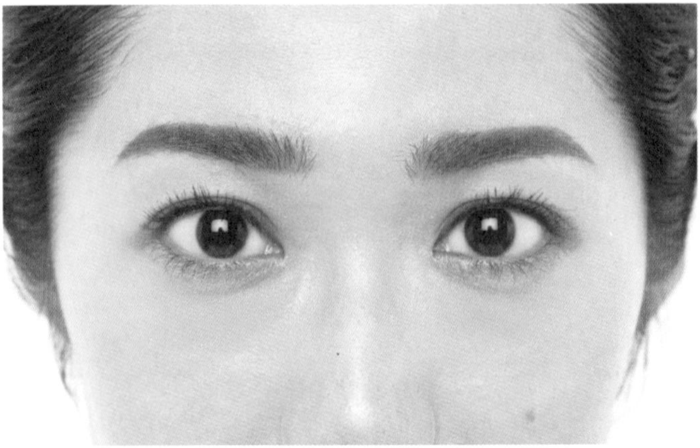

很多人向我表示他們認為畫眉毛是化妝流程中最困難的環節。確實是如此。每個人與生俱來的眉型都完全不同，會覺得很困難也是理所當然。不過，只要掌握眉毛要「畫在哪裡」、「畫多粗」，馬上就會畫得很順手了。

首先，是決定要「畫在哪裡」。答案是「與眉頭下方平高」，眉尾的尾端到這個高度是最理想的。接著是「畫多粗」，眉尾自然會越來越細，就像右頁的圖片一樣。只要特別留意這點，就能畫出偏粗的短眉毛。

以前的眉毛，收尾時會畫得更長，也就是從鼻翼到眼尾的部分，現在看起來已經有些老氣了。

如果要呈現出年輕活力，就以「偏粗、偏短的眉毛」為標準。眉毛越長，看起來年紀越大。眉毛偏短，看起來就比較年輕了。每天早上只要將「眉尾與眉頭平高」、「眉尾要又細又自然」銘記於心，畫眉毛的技巧就肯定會提升。

034

利用「螞蟻視角」修剪出好看的眉型

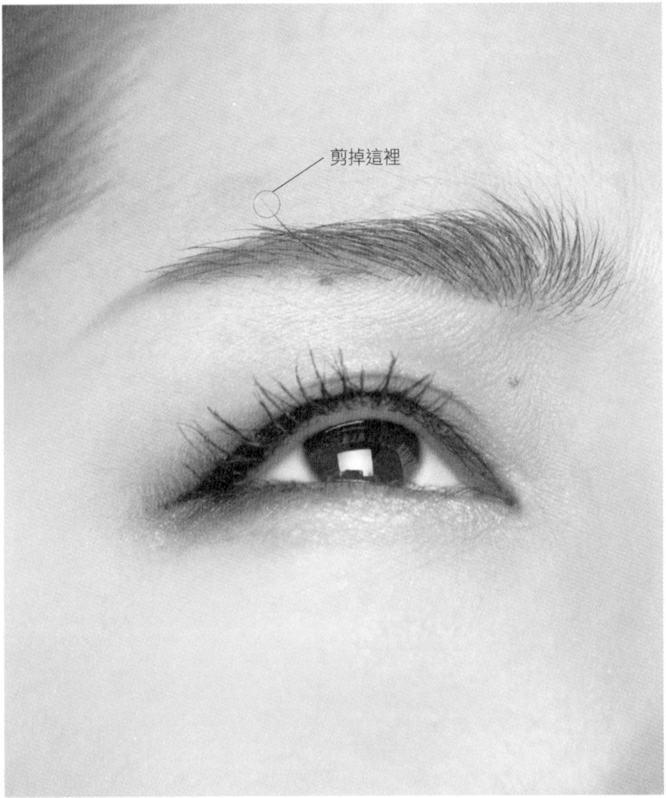

這是從斜下方往上看的樣子。因為模特兒沒有多餘的眉毛需要修剪，所以用我的臉來做說明。

眉毛會大幅影響表情，也是表現情感的部位，看著別人的眉毛就會不自覺地推測對方的特質和個性。這個部分如果修剪過頭的話，反而會有種不自然的感覺。眉毛是最不能有「刻意」感的部位。

因此，最理想的方式是「不修剪眉毛」、「讓眉毛自然生長」。可以用手指揪起來的程度是最理想的眉毛長度，「讓眉毛自然生長」也是最基本的。但還是有不少人認為修剪眉毛是「儀容」的一部分，我就來告訴這些人，如何找出真正需要修剪的雜毛。

首先，眉毛不做任何修剪自然生長。接著，再用螺旋眉刷梳理眉毛。然後，將鏡子擺在眼睛的斜下方，讓你可以由下往上看。我把這個角度稱作「螞蟻視角」，就像是螞蟻在抬頭看眉毛一樣。

於是，你會發現有一根尾毛特別長，還往反方向生長。將這根毛剪到與其他眉毛差不多的長度。並不是每次都會發現這樣的眉毛，就算有，也頂多只是一、二根，只需要修剪這些就足夠了。

不擅長畫眉毛，就留到最後再畫

我會建議不擅長畫眉毛的人，留到最後再畫。好看的眉毛是和臉部整體很協調的眉毛，並不需要執著到「必須把兩邊的眉毛修到完全對稱不可！」太過完美的眉毛會搶走整張臉的風采，不夠自然，反而變成了失敗的妝容。不刻意、不造作的眉毛才是最理想的。

畫眉毛的階段最重要的是「螺旋眉刷」。可以參考附錄裡的解說，先刷上四次眉彩，再用螺旋眉刷刷勻。左右兩側各做二次以後，眉彩基本上就算完成了。

接著，照鏡子確認眉毛的濃度和形狀，確認眉彩和其他妝容是否合襯。如果眉毛不會太濃，也不會過於搶眼的話，就沒問題了。用螺旋眉刷梳順眉毛，讓眉彩融入皮膚，畫上去的部分看起來就像是自然的眉毛一樣。

眉毛的關鍵在於「不刻意」。為畫眉毛所困的人，可以留到化妝的最後一個步驟試試看。

036

眉毛與眼睛的間距偏窄才美

在眼妝的部位也有提過，美人的條件通常指的是集中的五官。眼妝之所以要畫眼影，有一部分的原因是要為臉部製造陰影，同時也是為了縮短眉毛和眼睛之間的間距。這塊區域偏窄的話，會讓陰影更深，五官看起來更加立體。當你有「今天想要看起來更漂亮」的想法時，不只是平時的眼影而已，只要在眉毛上多動一些小巧思，就能讓眉毛與眼睛之間的間距看起來更窄，美人指數也會跟著上升。

方法就是用眉筆在眉毛的下緣來回畫個二至三次，再用螺旋眉刷將眉彩刷勻。就只有這兩個步驟。光是在眉毛下方補上幾筆，下緣看起來會更加緊密，眼睛與眉毛之間的間距也會看起來更窄。只不過，原本間距不寬的人還這麼做的話也是很危險的。一點一點地嘗試，一旦察覺到「會變得很奇怪」時，就要馬上收手。

工作禁止擦指甲油，手部嚴重乾燥粗糙，卻沒有辦法做指甲保養，即使碰到這些情況，還是希望指甲能維持得漂漂亮亮的。把東西遞給別人時，或是在做一些動作時，手其實是很顯目的部位。如果自己的指甲很漂亮的話，那心情肯定也會很好。

想要擁有漂亮的指甲，那就不能太過乾燥。就算只是擦護手霜或修護膏，讓指甲周圍充滿光澤就會截然不同。

這麼一來，即使原本手部乾燥的人，肌膚也可以變得溫和，還能呈現出漂亮的一面。這並非什麼太難的步驟，只是在擦護手霜時，順手擦到指甲上，就會給人一種乾淨漂亮的形象。

此外，最近市面上推出很多不含化學成分的指甲油或去光水。肌膚敏感或容易過敏的人也可以安心使用。

Column

「漂亮指甲」是可以修護出來的

指甲修護油 ¥2808／rms beauty

Nails Inc 45 秒速乾滋養美甲表層油 ¥3024／TAT

ELIZABETH SUGAR DOLL 4 效合 1 指甲油 淡粉色 ¥972

「塗了眼影後看起來很憔悴」的人，原因出在眉毛上

有沒有人每次塗完眼影都覺得看起來妝太濃、太老氣、太憔悴？前面有提到眉毛與眼睛之間的間距越窄，就越接近美人的定義，但這個間距偏窄的人也可以說是帶有「疲憊感」的人。也就是說，雖然被定義是美人，但比例大概也只有十分之一而已。如果在這個狹窄的間距裡塗塗抹抹了一堆東西的話，看起來不但很混亂，還模糊了焦點。

這種情況下，可以用眉彩在眉毛上方補上一條線，在眉毛生長處的上方凸出一公釐左右的感覺。先從眉山畫向眉尾，最後再往眉頭的方向畫去的話，就能畫得很自然。

有的人不管什麼時候擦眼影看起來都還是很疲倦，如果真的很介意的話，一口氣修掉眉毛的最下排也沒關係，反而會帶來一股清爽感，之後再往眉毛上方補上一排即可。這種五官的人通常是因為雙眼皮很寬，雖然看起來比較深邃，是眾多女性夢寐以求的標致五官，但隨著年齡的增長，這反而會帶給人一種很憔悴的印象。這時候，只要用這種方式就能讓臉部整體的形象年輕起來。

Column

尋找臉部優勢系列

眼睛周圍有色素沉澱的人是很幸運的，如同前面提到的，沉澱的色素等同於天然的眼影。

或者，雙眼皮很明顯的人也很幸運，這樣就不需要畫眼線，只要將睫毛之間的空隙用「點」的方式填補起來，與生俱來的雙眼皮就能更漂亮、更自然。

乾燥肌且沒有毛孔的人，就沒有皮脂分泌的煩惱了，所以也不需要妝前乳。而嘴唇本來就色澤紅潤的人，也不用刻意塗紅色的口紅。眉毛生長整齊的人，就不需要刷染眉膏，也不需要畫眉彩。臉部中心本來就淡淡泛紅的人，腮紅的濃度也只需要一半就夠了。

這些通通都是優勢。在這些優勢部位上，不要塗得太濃、顏色下手過重、線條畫得太生硬。如此一來，就能呈現出天然美的自然感。原本就帶有淡淡色彩，只要一點一點加上去，就能找出最適合的濃度。

image of it girl! Make-UP

左右對稱、
超濃密的眉毛
給人一種復古感！

Chapter 4

Skin Care

用平時的保養品，打造不易乾燥的肌膚

JAMAIS
CONTENT

標準的化妝水「不黏稠」

我建議大家在早上及晚上分別使用兩種不同種類的化妝水。首先，是「化妝水」前的噴霧型化妝水，接著是本命化妝水。噴霧型化妝水使用平價的產品也沒關係，但在第二階段的「本命化妝」要特別留意。

常常有人問我：「我感覺不出自己現在用的化妝水有沒有效果。」或是「第二階段的化妝水一定要是高單價的產品嗎？」挑選化妝的基準確實不容易。

事實上，有一定價位的產品的確大多都還不錯，但化妝水本身要大把大把的塗抹才有效果。所以，大家應該要事先瞭解分辨優秀的化妝水的訣竅。

正確答案是「不黏稠的」。試用化妝水時，先倒在雙手上，延展到整個手心後，握拳再放開。如果覺得黏黏稠稠，這種產品就不適合。一下子就乾掉的也NG，有點濕黏的產品才是最理想的。

大家在使用較黏稠的化妝水時，是否曾經覺得過一下子肌膚就有點緊繃的感覺呢？那就代表你的肌膚表面開始乾燥了。此外，黏稠的化妝品乾掉以後，就算要進行下一階段的保養，也覺得很難滲透進肌膚表面。

挑選時要選擇完全不黏稠，或是只帶有一點點黏稠感的化妝水。祕訣在於要挑選倒在手心試用過後，能讓肌膚彈嫩的品項。能靠肌膚的感覺來辨別的話就太完美了。

話雖如此，還是有人會煩惱「搞不清楚質地！」為了這些人，我列出了幾款推薦的化妝水。每一款都屬於平價產品，大家可以放心嘗試，這些就是正確的質感。

- ◆不會過於黏稠，有點像水。
- ◆塗完之後肌膚不緊繃、不乾燥。

我建議大家可以瞭解這些質地，當市面上推出新產品時，就能用自己的手心測試並進行挑選。畢竟新產品都是各個企業努力開發出來的成果，大多都是還不錯的產品。但如果自己能夠主動挑選，當然是利大於弊。

ORBIS 潤澤活顏化妝水 180ml ¥3024 ／ ORBIS ／台灣售價 NT.1245

CEZANNE 酵母高保濕化妝水 160ml ¥734 ／ CEZANNE 化妝品

MUJI 草本潤澤保濕化妝水 200ml ¥1800 ／台灣售價 NT.630

想消除痘疤，千萬不能忘了抗UV

大家應該都不喜歡看到痘痘變成痘疤吧。這裡介紹幾個能夠不留疤、消除痘疤的方法。首先，使用「美白」產品。比起美白化妝水或乳液，美白美容液更理想，用在平時的肌膚保養的補強即可。

不過，希望大家特別留意的是防曬工作。「正因為有抗UV作用」美白產品才能發揮效用。如果沒有做好防曬工作，紫外線接觸到疤痕，會從曬傷進化成色素沉澱，即便做了美白保養也來不及。

另外還有一個方法，藉由去角質來促進新陳代謝。隨著年紀增長，新陳代謝會變差，當能讓肌膚脫胎換骨的新陳代謝速度變慢，可以透過去除老舊角質來加速新陳代謝。市面上有像美容液一樣用擦的去角質產品，我相當推薦。畢竟是能強力去除老舊角質的產品，使用頻率一定要遵從包裝上的指示。

但是，這個過程並非一日見效，堅信著「角質層一定會變薄！」有耐心的維持下去吧。

皮脂調理美容液
才能有效抗痘

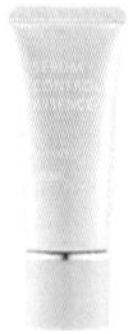

ORBIS 皮脂平衡精華霜 20g ¥1512／台灣售價 NT.450

資生堂 碧麗妃淨荳調理 凝 膠 10ml ¥1296（編輯部調查）／台灣售價 NT.340

痘痘（青春痘）總是來得很突然吧。不過，只要有皮脂調理美容液就不用擔心。皮脂調理美容液上市時，總是宣稱具有「去除角栓、皮脂等髒汙」或「緊緻毛孔」的效果。

其實這類產品的功能就是抑制皮脂。平時大家總是對肌膚乾燥避之唯恐不及，但在對抗痘痘時卻是最佳好夥伴。

晚上進行保養工作後，再擦上皮脂調理美容液。如果只是初期的發炎的話，就能立即見效，即使是大痘痘或是擦在大面積的範圍，也都很有效。

長痘痘的期間也要貫徹到底的原則就是「抗ＵＶ」，前面也提到防曬保養對於去除痘疤有多麼重要。

同樣地，如果痘痘接觸到紫外線的話，就會有色素沉澱。長痘痘時盡可能不要化妝，但防曬工作是萬萬不能缺少的。

043

隨身攜帶
守護不穩定肌膚的保養品

WELEDA 全效黃金修護 霜 30ml ¥1512 ／WELEDA JAPAN

trilogy 玫瑰果萬用修護 膏 45ml ¥3348 ／P.S.INTERNATIONAL ／台灣售價 NT.1160

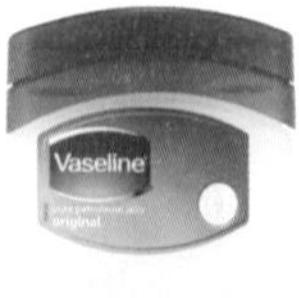

凡士林三重精煉凝膠 40g ¥276（編輯部調查）

不知道是不是因為身體狀況出問題，有時候膚況會和平時不同，泛紅、乾燥、生理期前肌膚粗糙等等，膚況變得很不穩定。有些人碰到這種情況，會急急忙忙地使用高效能乳霜或面膜，但我並不建議大家這麼做。

膚況不穩定時，就是肌膚沒有精神時。即便使用了高效能的產品，有時候反而會因為刺激太強而發疼、發紅。

那麼，該怎麼做才好呢？

在肌膚脆弱敏感時，該做的事就是找個不含特殊美容成分、低刺激性，但又有點厚重感的保養品，塗上厚厚的一層。在平時的肌膚保養過後，只要在介意的部位塗上即可。

我把這種類型的保養品稱為「護身符保養品」，碰到任何狀況，只要有了這種保養品就不用擔心，尤其是臨時狀況層出不窮的旅遊，我都會隨身攜帶著。

044

曬傷時，保養品用量是平時的二、三倍

當「不小心曬傷啦！」時，大家是不是急著找高效能的保養品出來擦呢？其實這個舉動也是很危險的，因為肌膚內部偏向乾燥的狀態，相同於膚況不穩定的狀況，使用面膜或美白美容液反而會有反效果。

首先，曬傷也是發炎的一種，冰敷是第一要事。用毛巾包覆沾濕的毛巾或冰袋後，敷在曬傷的部位。如果曬傷的部位很多的話，也有消炎型的化妝水可以使用。建議大家平時可以準備一罐含有蘆薈成分，溫和不刺激的曬後鎮定化妝水。

徹底冰敷過後，擦保養品時，用量必須是平時的二至三倍。因為肌膚比平時更加乾燥，所以在塗抹時，動作一定要輕柔一點喔。

當你感覺到「平時的保養品用起來有些刺痛……」時，就可以擦上一層對肌膚溫和的「護身符保養品」。如此一來，乾燥情況基本上便會有所改善。如果保養品的刺痛持續了好幾天，請向專業醫師諮詢。

日曬過後最重要的是冷卻，然後使用平時用量二至三倍的保養品。

045

強力推薦的抗老化美容液

大部分女性想知道的，應該是能夠清除「老化皺紋」、「鬆弛」的方法吧。畢竟要面對老化帶來的煩惱，真的是一件困難的事。

不過，解決的對策也不是只有「除了整型別無他法！」而已，最重要的是臉部肌肉要維持在柔軟健康的狀態，記得要緩和臉部肌肉並加以放鬆。詳細內容會在後續單元說明。

此外，還要加上含有高效能成分的美容液或乳霜。只要在平時的保養工作上，再加上這一項產品就足夠了。

左側所介紹的產品，由上至下分別為緊緻、保濕、角質修護功能的美容液。這些都是即效型的產品，可以期待肌膚的變化。

SOFINA Lift Professional 時光無痕緊緻精粹 EX 40g ¥5940（編輯部調查）／花王／台灣售價 NT.1399

肌膚滋潤保濕美容液 30ml ¥1944 ／松山油脂

能量復活精萃油 30ml ¥5616 ／ CLINIQUE 倩碧／台灣售價 NT.1650

046

臉部肌肉才是關鍵

對抗法令紋或肌膚鬆弛的重點在於「緩和嘴巴周圍的肌肉」，這麼鍛鍊嘴巴周圍肌肉不僅能改善法令紋和鬆弛，也能加以預防。

或許有些人會感到失望：「原來不是用保養品就能解決的嗎……」但我只能告訴大家，對抗老化的關鍵仍然在肌肉。

法令紋周圍的肌肉受到舒緩過後，便會上升到原本的位置，眼睛下方的鬆弛也會一掃而空，所以嘴巴周圍真的很重要。想要鬆緩肌肉、鍛鍊嘴巴周圍的肌肉，只要養成生活上的習慣就很簡單。

首先，每個人都一定辦得到的是「常笑」。

另一個是偶爾按摩。如果臉部肌肉很僵硬的話，就算是要鬆緩肌肉也沒那麼順利。大家要記得一定要使用精油，否則有可能會傷到肌肉。在保養肌膚時，找出按壓會疼痛的部位，用手指按壓加以鬆緩。

推薦大家在肌膚保養時，伸出舌頭，將臉朝向上方，發出「欸——」的聲音，反覆幾次也可以達到鍛鍊的效果。此外，可以用舌頭在嘴裡沿著法令紋的位置伸展，這個動作即使在空閒時都能輕鬆做到。

047

油性肌或乾燥肌的人，應該重新檢視卸妝油

卸妝油是卸除彩妝效果最強的產品。我能理解大家想用這類型的產品將彩妝徹底清洗乾淨的心情，但如果肌膚出現狀況的話，停止使用卸妝油或許會讓情況好轉一些。因為卸妝時不容易分辨出清洗乾淨與否。

如果卸妝產品沒有完全清洗乾淨的話，有可能導致毛孔阻塞，甚至是造成痘痘、黑頭粉刺、發炎的原因。反過來說，也有可能因為清洗過度而使肌膚過於乾燥。要正確掌握使用方法其實沒那麼容易。

配合當天彩妝的濃豔度來挑選卸妝產品是最理想的。以卸妝強度來排序的話分別是「卸妝油＞卸妝凝露＞卸妝乳＞卸妝慕絲」。

比方說，我教給大家的彩妝是屬於自然風格，所以只要用卸妝乳就能卸除了，並不需要用到卸妝油。只不過，卸妝乳無法卸除眼妝，所以有人會根據這個基準而選擇用卸妝油，但其實眼妝只要用眼唇卸妝液就能卸除，迅速卸除對肌膚的負擔也比較小。

048

精華油是為了什麼而存在？

ALBION 黃金凝萃精華油 40ml ¥5400／台灣售價 NT.1980

ROSE DE MARRAKECH 橙花油護理膏 35g ¥4536／J.C.B. Japon

RMK W 舒壓菁萃油 50ml ¥4320／台灣售價 NT.1450

「精華油」是這幾年火紅的產生，而且種類不斷推陳出新，每個產品的用途又不盡相同，其實還滿混亂的。

簡單區分精華油的話，大致可分成黏稠型和清爽型。清爽型的精華油通常是用來提升化妝水的滲透性，如果已經有使用噴霧型化妝水的話，其實這種精華油就不是絕對必要的。我建議大家使用的是黏稠型的保濕精華油。

精華油只需要使用在「皮膚乾得不得了啊！」時，而且只在夜間使用。如果早上使用的話，肌膚會太過滑順，而讓防曬產品和彩妝有所偏移。這麼一來，不旦容易脫妝，還有可能因此曬傷。

塗抹精華油也是有訣竅的，那就是一邊按摩一邊塗抹。精華油是最適合用來做按摩的產品，輕輕地用雙手按壓、塗抹，肌膚會更滑順，效果也會倍增。而且使用是在乳液之前。

049

油性肌的人可以嘗試酵素洗顏

油性肌的人如果停止使用卸妝油，膚況還是沒有獲得理想的改善的話，我建議你們可以嘗試酵素洗顏。一週使用一至二次即可，肌膚的光澤度和細緻度會完全不一樣。

還有在「痘痘」章節提到的抑制皮脂出油的皮脂調理美容液，我推薦大家可以用來改善油性肌膚。塗抹的時機在擦完乳液的最後一個步驟。

將皮脂調節美容液塗抹在容易冒痘痘的T字部位、鼻翼、鼻翼兩側和下巴。如果塗在其他部位，有可能會讓肌膚太過乾燥，一定要記得只塗抹在會出油的部位就好。

chant a charm 調理肌酵素洗顏 0.8g × 34 包 ¥2700（醫藥部外品）／ Nature's Way

肌極酵素洗顏粉 0.4g × 32 包 ¥1512（編輯部調查）／ KOSÉ 高絲／台灣售價 NT.499

Obagi C 酵素洗顏粉 0.4g × 30 顆 ¥1944 ／ ROHTO 製藥

050

黑頭粉刺透過精油按摩來清除

大家都很想清除卡在鼻頭的那些角栓形成的黑頭粉刺吧。首先，要瞭解角栓指的是皮脂和老舊角質混和凝固後，酸化變黑的東西。

這種卡在肌膚裡的角栓只能以物理的形式取出。

只不過貼妙鼻貼會傷害到肌膚，所以我並不推薦。

雖然比較耗費時間，但對肌膚比較溫和的方法是用精油在皮膚上按摩。一邊泡澡，一邊用美容油（什麼品牌都行）在鼻頭畫圈按摩，這麼做就能緩和角栓並溶解出來。

夏天的頻率大約一星期一至二次，冬天並不需要那麼頻繁，大約十天一次就好。無論是什麼季節，「等到黑頭粉刺冒出來再做」就OK。

鼻頭容易卡角栓的人，通常背後也很容易卡角栓，洗澡時用澡刷清洗，一下子就可以清掉。

05

「不起泡」洗面乳的建議

明明不是用卸妝油卸妝，肌膚清潔後還是很容易乾燥的人，我會建議重新檢視一下洗面乳。如果洗臉過後覺得肌膚觸感有點緊繃的話，那就代表皮膚很乾燥了。皮膚不光是靠保養品滋潤，洗臉的階段也很重要。

這類型的人可以試著將洗面乳換成「不起泡的類型」。會起泡的產品通常具有很強的清潔力，反過來說，不起泡的產品清潔力較為和緩，大多對於肌膚都很溫和。

雖然清潔力沒有那麼強，但也足以洗淨髒汙和皮脂。乾燥肌的人可以試試看不起泡的洗面乳，如果很介意皮脂，或是肌膚開始變得粗糙時，可以使用酵素洗顏，洗淨多餘的皮脂和髒汙，對肌膚來說也是好事。

052

Column

口紅怎麼用都用不完……

所有化妝品當中，最容易用不完的產品就是口紅了。而且，產品的色號還會隨著季節變換推陳出新，或是開發了含有新成分的產品，總是充滿魅力，令人目不暇給。

請大家把口紅視為一種時尚，就像流行的衣服、鞋子、包包，而不斷買新的，也會喜歡上其他樣式，有時候還要種好幾個款式裡挑出今天要搭配的。所以就算擁有很多口紅，也是增加時尚的選項而已。

只不過，每個人對於時尚的理解不同，我認為有固定一至二個鍾愛的款式是一件很棒的事，就像是女生把經典的鞋子或包包搭配得很時尚一樣。而我推薦的經典色款是杏色和紅色，光是這兩款就可以打造出時尚感。

如果你還是覺得「用不完……」的話，可以將自己要用的分量移到唇彩盤裡，剩下的部分可以拿去和朋友或家人分享，移到唇彩盤裡也可以預防不小心又買了相同的顏色。

053
在卸妝前不小心睡著的拯救方式

忘記卸妝就直接在沙發上睡著了……大家應該都有過類似的經驗吧。醒來後，彩妝有可能弄髒了衣服，導致細菌生殖，肌膚還會很粗糙、乾燥。快來瞭解一下有什麼保養品能挽救這樣的早晨吧。

首先，要仔細地卸除彩妝，卸完妝以後，用酵素洗顏來洗臉吧。有些人可能會擔心「皮膚已經很乾燥了，這麼做好嗎？」但如果你有確實天天做好保養工作的話，就不需要擔心。將臉清洗乾淨才是第一要務。

將彩妝、多餘的角質通通清洗掉吧。不過，嚴重乾燥肌和敏感肌的人還是要用以往的方式仔細清洗喔。

接著，抱持著要把前一晚的保養補回來的心情，在保養品的用量上要比平時多用一倍。「噴霧型化妝水↓第二階段化妝水↓美容液↓抗UV乳液」每一種都是用量二倍。要是保養的過程中，還是覺得肌膚很乾燥的話，用到三倍的量也沒關係。然後讓肌膚在彈嫩狀態下維持一段時間，再用手背觸碰肌膚，若感覺到「有彈性、柔嫩」的話就完成了。

完成「彈嫩」的肌膚後，再從妝前乳的階段開始化妝即可。雖然無法讓時間倒轉，肌膚的狀態還是可以挽救的。

054

累到沒時間泡澡時就用潔膚水

身心俱疲……沒力氣泡澡……每個人肯定會碰到這種累到做不了任何事的時候。我不會說「不管什麼日子都要確實做保養！」一個月裡，我也有二至三天是這種狀態。所以我來教你們究極的偷懶美容術吧。

那就是用潔膚水卸妝↓像敷面膜一樣，塗上厚厚一層多效合一保養品！

首先，用眼唇卸妝液卸除眼妝。

接著，擦上潔膚水，因為不打算洗臉了，所以化妝棉要用尺寸（六×七公分左右）較大，品質較好的產品。不要一直反覆擦拭，稍微按壓個五至六次就能結束了，要讓整塊化妝棉吸附滿滿的潔膚水喔。

再來，噴完噴霧型化妝水以後，塗上大量的多效合一保養品，要讓最後的狀態像平時保養時一樣，甚至是更加彈嫩的狀態。

我想可能有人會擔心「真的只要這樣就好？」對，這樣就好。如果你有天天做好保養工作，讓肌膚維持在良好的狀態的話，僅僅偷懶一天是不會有多大的影響。當然，隔天早上的肌膚狀態會不會「超級好！」是因人而異的。不過，多效合一的保養品可以確保肌膚維持在容易上妝的狀態。

還有，前一本《大人的化妝書》裡也介紹過。在懶得卸眼妝時，我會直接帶著睫毛膏和眼線睡覺，隔天再直接化妝。在卸除眼妝時，如果覺得很麻煩，有時候會太用力搓揉眼睛周圍，這並不是什麼好事，所以沒那麼從容時，要特別留意。

Dr.Ci:Labo 3D 黃金緊緻膠原滋養凝露 120g ¥8964／台灣售價 NT.3500

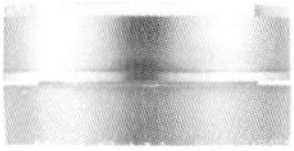

HerbEAU 多效合一凝膠 50g ¥6804／SSC

MiMC GRACE 濃密乳液 70g ¥8640

055

防曬比美容液更加重要

防曬工作非常重要，因為只有防曬乳能夠防止色斑和發炎。雖然已經重複過很多次，但如果每天早上使用的乳液含有抗UV效果的話，就能確實達到防曬功能，非常建議大家這麼做。

還有，塗抹防曬乳也是需要技巧的。因為臉上是凹凸不平的，千萬不要忘了塗抹凹陷的部位，最容易被忽略的部位是下巴下面、鼻頭下方、鼻孔的旁邊。

整個臉部塗抹完了以後，繼續將防曬乳塗抹在耳垂、耳朵上面和脖子。或許有人會覺得「連這種地方都要？」但畢竟耳朵是不化妝的，不擦防曬，肯定會曬傷。「防曬乳千萬不能省，要用得比平時更多！」抱持著這樣的態度剛剛好。

La Roche-Posay
全護清爽防曬液
SPF50 PA++++
30g ¥3672／台灣
售價 NT.950

藥用美白防曬霜
（醫藥部外品）
30g ¥2376／DHC

LAR Neo Natural
植物美白防曬隔
離乳 30ml SPF24
PA++ ¥2680／
Neo Natural

056

泡澡前梳理頭髮，
能讓頭皮更健康

泡澡時，臉部和頭皮的毛孔是完全打開的，也是全身最放鬆時。如果泡澡時間養成這樣的習慣，就會有驚人的效果，肌膚和頭髮的狀態也會截然不同。

首先，在泡澡前，先擦上頭皮護理精華液，用按摩梳稍微施力，並將頭髮梳開。如照片所示，由下往上，要完全梳理到頭皮。

毛髮柔細容易打結的人，可以先用手梳開以後，再用梳子梳理會比較順暢。先進行這樣子的頭皮護理，之後洗頭時，多餘的皮脂和沉積物就能輕鬆洗淨。

THE BODY SHOP
竹製大板梳 ¥1944

Mapepe 頭皮健康按 摩 梳 ¥1080 ／ Chantilly

BOTANIST 氣墊健康梳 ¥1512

057

浴室擺一瓶精華油

在泡澡時要做的事就是促進新陳代謝。腳踝被稱作是「代謝的關鍵部位」，試著轉動左右腳的腳踝各二十次吧。如此一來，真的會大量出汗，泡完了澡也會一直暖呼呼的。

可以在熱水裡添加浴鹽或喜歡的香味的精油，很容易讓整個身體暖起來喔。泡澡時要讓水位高過於肩，在大汗冒出汗以前，整個人要泡在浴缸裡面。我個人覺得比起半身浴，泡到肩膀的方式比較能夠促進新陳代謝。

還有，一週要做臉部精油保養一至二次。

總之，什麼品牌都無所謂，擺一瓶精華油在浴室吧。

用美容油在鼻翼周圍、鼻翼、T字部位、下巴等等，因為皮脂而粗糙的部位上按摩。只要用手指在皮膚上畫圈，就能緩和毛孔，清理出角栓或老舊角質。

058

無論是在家或外出，有一瓶精油噴霧就搞定

說到底，最重要的事就是不要讓肌膚乾燥。適用於這種情況的就是精油噴霧，素顏自然不在話下，要用在彩妝上也可以，是很方便的產品。精油噴霧是用精油取代化妝水，和只有水分噴霧不一樣，能夠滋潤肌膚，預防乾燥。

如果是要噴在彩妝上的話，將噴霧向上噴，再用臉去接住。重複幾次後，用雙手在臉上稍微按壓，肌膚的水潤度和光澤感就復活了。注意不要直接對著臉噴，否則彩妝是會脫妝的。待在家裡素顏時，想噴幾次就噴幾次，覺得有點乾時就輕輕一噴，肌膚的水潤感便能復活了。

ARIMINO SPRINAGE
髮妝水 50ml ¥3024

植村秀 極上完美持妝噴霧（檜木香）50ml ¥2700／台灣售價 NT.850

059

美容液是保養品的「補強」

我常常被問道「不知道該怎麼使用美容液」、「不知道該挑選什麼樣的產品」的問題。「美容液」確實種類眾多，而且還在持續推陳出新。

首先，若談到美容液有哪些種類的話，大致上分成「保濕型」、「緊緻型」、「美白型」以及其他狀況所使用。

美容液通常只在特定功效上有強力的效果。比方說，保濕美容液就只有保濕效果特別強，美白型就只有美白效果。偶爾會看見產品包裝上同時寫著美白與保濕，但如果想要達到真正功效，最好針對單一目的來挑選美容液。

一到夏天，藥妝店就會在顯目的地方排列「美白化妝水」或「美白乳液」的產品，但如果真正想要美白功效的話，比起這些標榜著複含功效的商品，不如選擇購買美容液。

乾燥肌就選擇保濕型，想消除色斑就選擇美白型，想改善皺紋和鬆弛就選擇緊緻型。如果同時有好幾種需求的話，那就每一種都用也沒關係，美容液是可以往上補強的。

不過，我會希望大家一定要使用「保濕型美容液」。我也強調很多次，保濕是打造美肌的基礎。皺紋和色斑都是因為肌膚乾燥所引發的，如果不做好保濕工作，就算用了功效再好的美容液也只是白費功夫。此外，許多保濕型美容液的價格都很平易近人，可以天天維持。

美白型美容液的質地通常比較清爽，建議大家可以同時使用保濕型和美白型。

夜間乳液要含有神經醯胺成分

060

夜間的肌膚保養重點就是保濕、保濕、保濕！就像我強調的，美肌只能由保濕來打造。

因此，挑選夜晚用的乳液或乳霜是很重要的。我通常會選擇保濕效果極佳，添加神經醯胺成分的產品。

神經醯胺，又名「細胞間脂質」，是存在於細胞與細胞之間的保濕物質。簡單來說，有了神經醯胺，肌膚就能鎖住水分。

保養品的進化速度十分驚人，我認為神經醯胺是目前最強的保濕成分。如果很介意肌膚乾燥的話，可以嘗試看看標榜「添加神經醯胺」的產品。

有些人或許會在乳液和乳霜之間猶豫不決，基本上哪一個都可以。乳霜的功效比乳液要來得強，如果早上起床覺得皮膚乾燥，就擦乳霜吧。大家可以考量自己的肌膚狀態來挑選適合的產品。

偶爾會碰到一些完全不擦乳液的人，即使是油性肌，為了防止化妝水蒸發，乳液還是不可或缺的。此外，適時補充油分，可以排除過多的皮脂，油性肌也能因此有所改善。

黛珂 植粹淨化悠釀淨膚乳 200ml ¥5400／台灣售價 NT.1500

SOFINA beauté 保濕滲透乳 清爽型／滋潤型 60g ¥3456（編輯部調查）／花王／台灣售價 NT.1050

Curél 潤浸保濕深層乳霜（醫療部外品）40g ¥2484（編輯部調查）／花王／台灣售價 NT.920

091

十分推薦筆狀美白美容液

夏天與秋天最讓人介意的就是美白了，請依照我前面所說明的，選用美白美容液。即使到了夏天，也不需要額外為了「美白」準備任何東西。

開始使用美白美容液最好的時機，是從四月開始，等到有色斑出現時，已經來不及了。四月就開始使用的話，就算是達到事前預防的功效，就這樣一路用到十月吧。長期使用同一款商品，越是能夠發揮它的作用，回購同一款商品是關鍵之一。只不過，這些都不是即效型產品，淡淡的色斑大約要花費半年至一年來消除。

市面上有可以塗抹在特定部位的筆狀美白美容液，以下介紹幾款產品給那些無論如何都想立刻消除色斑的人。

黛珂WHITELOGIST瑩潤粹白雙效淡斑筆（醫藥部外品）¥10800／台灣售價NT.3300

ALBION妃思雅晶燦恆白淨斑精華（醫藥部外品）4.0g ¥12960／台灣售價NT.4200

SOFINA鑽光無瑕亮白集中筆 ¥4320（編輯部調查）／花王／台灣售價NT.1000

062

夏天容易脫妝的人，要使用收斂化妝水

夏天皮脂分泌旺盛，彩妝容易脫妝……我建議這些人可以嘗試「收斂化妝水」。緊緻毛孔的功用，能夠抑制皮脂的分泌。這個原理和有效抗痘的皮脂調理美容液是一樣的，調理皮脂，冷卻並緊緻毛孔，一旦使用過度，一樣要擔心會有乾燥的反效果。並不是說到了夏天每個人就一定都要使用，為皮脂分泌旺盛而煩惱的人使用就好。

使用時機在化妝水之後，乳液之前，和美容液的概念類似。

首先，用化妝棉沾滿收斂化妝水，讓成分徹底滲透進肌膚，特別塗抹在容易出油的T字部位、鼻翼、鼻翼兩側、下巴。

塗抹在整個臉部的話，有可能會導致過於乾燥，一定要選擇性針對特定部位使用。這樣一來，夏天的皮脂對策就搞定了。

suisai 保濕晶露 150ml ¥2000（編輯部調查）／Kanebo 化妝品／台灣售價 NT.820

資生堂 ELIXIR 彈潤系列 膠原保濕水 170ml ¥3240（編輯部調查）／台灣售價 NT.1050

063

肌膚色調偏暗，是因為血液循環不良或摩擦造成

每個女生一定都體會過「一到傍晚便暗沉」的情況，和早上相較之下，肌膚的色調變得更暗，或許也是讓人忍不住想補妝的原因之一。肌膚「暗沉」的原因有九成和血液循環不良有關，決定膚色的要因之一是毛細血管的透澈度，也就是血液流動的狀態會直接反映在肌膚上。不只是傍晚會出現的現象，隨著年紀的增長，肌膚的透明感會漸漸消失，臉色蠟黃，甚至覺得整個人變黑了，都可以說是和這個理由有關。

所以，如果要改善血液循環產生的「暗沉」，只能打造一副代謝良好的身體。

泡澡、培養運動習慣，最容易做到的事是這兩個。一天至少一次，在早上或晚上時泡澡。如果我覺得肩膀和脖子也很僵硬的話，我會連整個頭一起埋進水裡。

慢跑對於提升肌膚的色調也很有幫助，因為加強了血液循環，每一個女生在慢跑過後，肌膚的透明感和色調都會一起提升。慢跑和泡澡

不一樣，還會鍛鍊到全身的肌肉，讓平時的血液循環變好。若養成慢跑的習慣，不只對健康有助益，對美容也是一大幫助。

前面提過暗沉的原因有九成和血液循環不良有關，剩下的一成是乾燥或過度摩擦。

肌膚之所以乾燥，是因為缺少水分，所以肌膚也因此喪失透明感，整體色調看起來也暗淡了起來。碰到這種情況時，先徹徹底底地進行一個月的肌膚保養。之前也強調過不少次了，把保養品的用量直接提升到兩倍吧。乾燥肌也能因為正確的保養流程而獲得改善。

另外，也要特別留意過度的摩擦。

摩擦最頻繁時是卸除眼妝時。用無法卸除乾淨的卸妝油搓搓揉揉的，不只會引起發炎，發炎的地方也會出現色素沉澱的問題。所以，眼妝一定要用眼唇專用卸妝液來卸除。

獨自按摩的人或是常常使用化妝棉的人也都是容易過度摩擦的族

群，我在精油的章節裡也提過了，按摩時一定要使用精油。

如果用化妝水或乳液來按摩的話，恐怕就成了肌膚暗沉的原因。不使用半點精油就直接按摩的話，表面不夠平滑，只會造成大量摩擦。平時總是用化妝棉在肌膚上拍打、搓揉的人要特別注意。

因為過度摩擦而造成肌膚色調變暗淡的人，只要避免繼續做相同的事，肌膚就會整個明亮了起來。

064

臉上的泛紅全都會變成色斑，要特別留意

臉上出現的泛紅要特別留意，像雀斑一樣不到一公釐的小紅點、數公釐大的痤瘡、痘痘。這些部位全都要做好抗ＵＶ防護！因為都有可能變成色斑。

你是不是也會抱持著「別管它自然會好」的心態，而裸露著患部直接出門呢？確實是不適合在患部上化妝，但陽光直接照射泛紅的部位也是很危險的。要是在陽光照射下曬傷的話，就會變成色斑。

在痤瘡上塗抹東西或許會讓人怕怕的，但抗ＵＶ防護不算在內。在剛發炎時做好保養工作的話，一定會痊癒，但等到變成色斑再來搶救就很困難了，所以還是老老實實地塗上去吧。

就像處理痘痘時一樣，在發炎的部位塗上厚厚的一層皮脂調理美容液，再將平時的抗ＵＶ乳液塗抹在泛紅的地方。如果會刺痛，市面上也有噴霧型的抗ＵＶ產品，在完妝後稍微噴上一層抗ＵＶ噴霧就會完全不一樣。這類產品的進化速度很驚人，若是認為這些產品會對肌膚造成負擔的話，觀念就太過時了，儘管放心地使用吧。

065

1

朝正面舉起

2

用力一拉
並繞過頭上

3

伸展至背後

隨時隨地拉筋！彈力帶帶著走

前面提過肌膚暗沉、僵硬、黑眼圈的原因和血液循環不良有很大的關係。為了打造健康美肌，活動全身筋骨、促進血液循環、讓全身通體舒暢都是不可或缺的。

不擅長運動的人，沒有時間的人，像我一樣把彈力帶放在包包裡隨身攜帶如何呢？

事前準備只要將手工藝用的彈力帶裁剪成一公尺的長度，再結成一個圈即可。當手邊比較不忙時，覺得「肩膀有點僵硬」、「有點疲倦」時就可以拿出來。首先，先用雙手將彈力繩舉向前，接著繞過頭頂，再伸展至背後。從頭頂伸展至背後時，要用力拉開彈力帶再往後伸展。這麼一來，用力拉開彈力帶時，便會動到肩膀和肩胛骨。血液因此循環到臉部和頭部，全身也跟著放鬆了下來。

Column

筆刷多久換一次？

無論是粉撲還是筆刷都要盡量用乾淨的，雖然是理所當然的事，但畢竟是天天接觸臉部的東西，如果滋生細菌，對肌膚當然不是好事。

首先，擦粉底或腮紅用的筆刷，只要到了「濕濕的」、「殘留顏色」、「刷頭變硬，粉末沾不均勻」時，就應該清洗了。清洗的方式很簡單，在洗手台的水裡倒入中性清潔劑，將刷具放在水中清洗，擰乾後曬乾即可。同樣的，粉撲也是浸泡在含有中性清潔劑的水中，放置一會兒後，再搓洗乾淨即可。粉撲最好是用過就清洗一次，只是天天清洗也很麻煩，可以使用粉撲的不同面，直到每一面都用過以後，再清洗就可以了。

當筆刷開始掉毛，刷毛變得粗糙時，就是該換新的時候了。刷在肌膚上時，要是覺得刷毛有些刺刺的話，差不多就該換了。刷具是能讓妝容更美，讓化妝更有效率的助手，維持清潔的話，真的會方便很多！

07

Column

換把修眉剪，眉毛或許會變得更美

大家很容易忽略修眉剪也需要換新的事實，就像文具的剪刀不常換新一樣，有的人一用就是二十年以上，但仔細看那把剪刀的話，會發現上面都生鏽了。

剪起來既不順手，也無法剪得太細膩，有人就會很隨興的直接剪下去，甚至有人會因此傷到皮膚……在修眉毛時搞砸的機率也會變高。

基本上，修眉剪要以五年為單位定期檢視。可以定期換新的話，剪起來順手多了，修起眉形來也迅速了許多。更換新的修眉剪時，可以挑選刀刃前端較薄的修眉剪。

畢竟是要用上五年的工具，比起平價產品，不如選個一千日圓左右的修眉剪，用起來也比較順手。已經很久沒更換的人，也可以藉這個機會一次換新，能將眉形修得漂漂亮亮的手感，一定也會讓你很震驚的。

image of it girl! Make-UP

世上不存在，「不需要保養」的日子

ON
N'EST
JAMAIS
CONTENT

Chapter 5

Make-UP

學會化妝技巧
素顏風、派對風
都隨心所欲

068

「隨興妝感」可以從喜歡的部位下手

大家化妝時，都是從哪個部位開始的呢？其實有一個順序，能讓你看起來更美，也能提升你的化妝技巧。

那就是從自己喜歡的地方開始下手。每天都不一樣也沒關係，剛買新口紅時，就會想從唇彩開始畫起，想讓眼睛更美時，就會從眼妝開始畫起……

第一個開始的重點彩妝就是當天的主角，而這個部位也會看起來特別美、特別醒目。

在《大人的化妝書》中，我建議大家的化妝順序為「眼睛↓眉毛↓腮紅↓嘴唇」，請大家把這個當作是磨練技巧的基本順序就好。先畫眼妝可以讓眼睛更醒目，也是化妝起來最順手的順序。之所以要在眼妝結束後畫眉毛，是因為眉毛的難易度緊接在眼睛之後，如果連眉毛都完成的話，整體的完妝就會更迅速。如果把這個原則記起來，猶豫時就可以直接上手，非常方便。

不過，讓我們稍微改變一下視角，往上級者邁進。

比方說，一開始便塗唇彩的話，為了襯托出唇彩的色澤，眼睛就會畫得比較淡，或是直接不畫腮紅也說不定。這樣的做法能讓你的臉上產生嶄新的妝容，改變起始點就能發現全新的魅力。順帶一提，以眉毛為主角的化妝方式有點老氣，最好不要這麼做。就如同我在眉毛的章節裡所提到的，越不顯眼的眉毛越理想。

以自己的優勢為中心也不錯，如果皮膚很好，可以將肌膚的妝容完成到百分之百，最後再擦上腮紅收尾，肌膚就會被襯托得更明顯了。

時尚穿搭也都說「隨興感」很重要，化妝的隨興感便是這樣產生的，這就是只有上級者才學得會的「隨興妝感」的真面目。

這並不是在偷懶，隨興感的關鍵在於要把第一個起手的部位完成到百分之百的程度。如果可以做到的話，其實化妝一點也不費時。

069

「年輕」與否取決於肌膚光澤

同學會或公司同期聚餐這種久違見面時，私下被議論道「他好像變老了」的女生，百分之百肌膚是呈現霧面妝感，實際上不是本人變老了，只是妝容很老氣而已。決定「年輕」與否的關鍵在於「是不是光澤肌」。只要打造出光澤肌，看起來比任何一個同學年輕都不是問題。

首先，影響光澤最重要的因素是肌膚保養。肌膚保養結束時，可以觸摸看看肌膚，呈現「有彈性」、「柔嫩」的觸感是很重要的。這個「彈嫩感」便是光澤的基礎，所謂的光澤肌就是「一整天不管如何觸碰，除了T字部位以外的肌膚都彈嫩水潤。」

另外，粉底也是原因之一。厚厚一層粉狀粉底是萬萬不可的，就算有人認為「反正我用的是粉底液。」也不能就因此鬆懈。

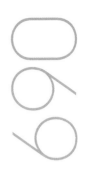

在粉底上擦上一層透亮蜜粉（鹽）的人看起來都像是霧面肌，透亮蜜粉只要擦在T字部位上就好了。

粉感厚重時，會因為水分被吸收而讓肌膚看起來是霧面的。想要讓底妝看起來緊緻俐落的人，通常會傾向於在整張臉擦滿透亮蜜粉（鹽）。

透亮蜜粉（鹽）擦得太厚的話，會覆蓋掉肌膚保養出來的水潤感與粉底本來的光澤感，這點請特別留意。

070

把彩色眼影當作耳環

眼影盤總是少不了「鮮豔的顏色」呢，藍色、紫色、紅色系的粉色等等。最近的自然妝感基本上是利用棕色系在眼瞼上勾勒出陰影，臥蠶上則是用白色或珠光粉來打造光澤感。但是，有個方法可以以時尚上級者的角度來運用這些「難以駕馭的鮮豔顏色」，那就是畫成線。

上色的地方是下睫毛的生長處。用眼影棒沾取顏色，在下眼瞼的眼尾三分之一處，沿著眼型輕輕畫出一條線。此外，這樣的眼影要搭配當天的穿著。重點只有兩個。

第一，為了讓眼彩成為主角，穿著盡量以黑白或簡單的色調為主。第二，為了讓顏色有關聯性，穿著選擇和眼彩相似的顏色。比方說，如果擦上黃色眼影的話，就以棕色或橘色系的穿著為主。

大家可以把彩色眼影當作是小小的耳環，畢竟只是細細的一條線，這不妨試著大膽挑戰黃色或綠色這種有點冒險的顏色。

07

法令紋可以靠化妝消除

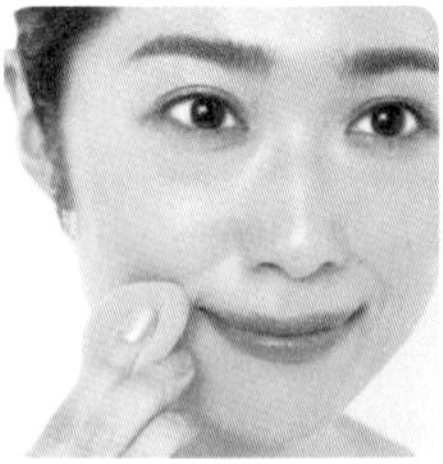

將粉色妝前乳和粉底液混和後塗在法令紋上，再用粉撲按壓。

如果很介意法令紋的話，就試著讓妝感淡一點吧，關鍵在於讓法令紋的溝槽明亮一點。因為溝槽的陰影才會讓法令紋很明顯，如果讓溝槽更明亮，光線聚集時，就看不見凹陷的部分了。

在這裡使用的化妝品是粉色妝前乳和亮膚色的遮瑕膏，請選用遮瑕盤裡最亮的顏色，最好比肌膚的顏色更亮。

將遮瑕膏和粉色妝前乳混和在一起，並用手指搓揉讓其軟化，接著再像圖片裡一樣，一點一點的點在法令紋上。這時候要留意的重點是將法令紋的皺紋向左右伸展，之後再用擦粉底用的粉撲輕輕按壓。

剛擦上去時，或許會覺得顏色太亮了，但用粉撲按壓過後，就會自然地和周圍的粉底結合在一起，不用擔心。

皺紋是因為皮膚交疊起來的溝槽越深，陰影越濃，看起來也就更加老氣，大家一定要記得將皺紋延展開來，再擦上這些妝前乳和遮瑕膏的混和物。

072

擤鼻涕擤過頭時，再麻煩也要用修護膏防止脫皮

因為花粉症或感冒而鼻涕流個不停，若擤鼻涕擤過頭的話，鼻子周圍就會脫皮，衛生紙還會吸走水分……一整天下來，妝都脫落了。

這種情況時，修護膏也要和衛生紙一起帶著走，也就是122頁介紹的那些拯救膚況不穩定的護身符保養品。

一整天都在擤鼻涕時，我會習慣在枕頭邊擺上修護膏再入睡，這對於脫皮的修護相當有效。如果只是偶爾擤個鼻涕倒還好，但如果是每天、每晚都擤個不停的嚴重症狀，鼻子的周圍會因為不斷摩擦，而變得粗糙。

雖然有些麻煩，但建議大家養成擤完鼻涕就擦修護膏的習慣。用護唇膏塗在鼻子下方也沒關係，主要是要保濕。

在保養肌膚時，也可以用修護膏擦在脫皮的部位上。盡量不要刺激脫皮的部位、剝皮、用手指揉，擦修護膏才是讓肌膚恢復的最快方式，早上也在擦過修護膏以後，再化妝吧。

除此之外，出門在外擤鼻涕擤到脫妝時，也是靠這個修護膏。

先在彩妝上擦一層，但這樣還是會帶有一點油光，所以用粉撲沾一點粉底後輕輕按壓。如此一來，脫皮的部位也會迅速修復。

073

傍晚過後想改變氛圍
就「在眼睛周圍擦上珠光粉」

今晚要在比較高級的餐廳吃飯……雖然想帶著平時的妝直接去，但又想要區別一下在公司或外面的氛圍，大家多少都有過這種經驗吧。碰上這種想要稍微改變一下妝容和氛圍時，最佳的方式就是改變眼妝。這個小技巧多半用手邊的化妝品就能輕鬆做到，一起來體驗這份樂趣吧。

首先，將眼影盤上的珠光色擦在臥蠶和眼皮的位置。臥蠶的地方想要比較緊實，所以使用眼影棒。眼皮的部分則想要與其他眼妝結合，所以用手指塗抹。

在眼皮擦上珠光色的話，眼睛周圍的倦容會瞬間閃耀了起來。一到傍晚雙眼就明顯凹陷的人，可以擦上橘色眼影，再補上一層珠光色的話，不但能恢復早上的張力，還多添了一分絢麗感。

接著，用手指沾取眼影盤上除了珠光色以外最白的顏色，點在眼睛周圍的兩個地方，以達到打亮的效果。這兩個地方指的是眼睛下面的顴骨上方的區塊和眼頭。雖然說是用「點」的，但記得還是要塗抹均匀。如此一來，散發光澤的明亮雙眼就完成了。

如果情況允許，也可以用眼線液畫出眼線，睜著眼睛在眼尾的部分補上一條線。

若要說眼睛周圍的珠光色會帶來什麼變化，那就是「眼妝的質感」。珠光與白色可以襯托出女人味，並讓所有疲倦的氛圍一掃而光。

一提到改變白天的妝容，大部分的人會覺得應該要在嘴唇或腮紅的顏色上做變化，但其實只要像這樣改變眼睛周圍的質感，就能像早上一樣散發清爽的氣氛，再多添一分絢麗感，整體變得更加有活力。

大家一定要試試運用珠光和白色的眼影，為眼睛周圍製造光澤感，讓整體看起來更加光亮。

074

將毛孔隱形飾底乳塗到每個角落就不會脫妝

ORBIS 毛孔掰掰修飾露 12g ¥1296／台灣售價 NT.450

MAQuillAGE 絕色毛孔修飾霜 ¥2700（編輯部調查）

糖瓷輕盈睛采飾底乳 10ml ¥2700／PAUL & JOE BEAUTE／台灣售價 NT.1000

毛孔隱形飾底乳的塗抹方式，可以輕鬆預防脫妝問題。

那就是延展想擦飾底乳的部位的皮膚，用無名指塗到每一個角落。

並不是所有毛孔都朝向同樣的方式，所以要像這樣均勻地塗滿毛孔隱形飾底乳。一邊留意毛孔，確實地塗到每一個角落。

脫妝最大的原因是皮脂分泌過多，皮脂的分泌由內到外，溶解彩妝。想要避免脫妝，只能針對毛孔皮脂擬定對策。雖然我已經強調過很多次了，該針對的部位是會出油的T字部位、鼻翼、鼻翼周圍及下巴。

毛孔飾底乳會滲透進毛孔之中，抑制皮脂分泌。所以，只要確實在這些部位塗滿飾底乳就不會脫妝了。

若塗得不夠仔細的話，有可能在白天就會脫妝，這時候可以參考181頁的補妝技巧。

075

使用酒紅色眼影
讓眼妝更甜美、
更受男性歡迎

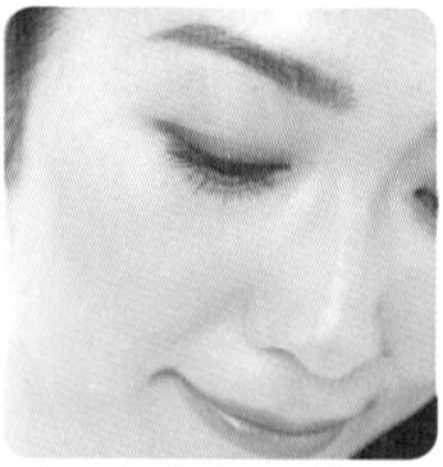

「今天想討人喜歡一點！」時，我會建議改變最醒目的眼妝。接下來向大家介紹讓柔和度、溫柔度、可愛度都倍增的化妝技巧。

打造嬌柔眼妝的技巧有很多種，但如果是使用酒紅色的眼影的話，就不會過於甜美，還能散發出成熟可愛的氛圍，是我最推薦的方法。

上妝方式是用眼影棒沾取酒紅色的眼影，在上眼皮的眼尾三分之一處的斜下方輕輕地畫一筆，重複兩次後，就會產生淡淡的紅潤。

這就會讓眼尾有下垂的效果，看起來比較甜美。視覺上也將眼睛與眼睛之間的距離稍微拉開了一點，散發著迷濛的慵懶感。如果有珠光色的話，可以再擦在臥蠶與眼頭。用眼影棒沾取一點後，扎實地擦在臥蠶上，接著再用手指輕輕沾一點在眼頭的凹陷處，這樣就能打造出水潤的雙眸。

Visée AVANT 隨心玩美眼影 018 皮革玫瑰棕 ¥864（編輯部調查）／KOSÉ 高絲／台灣售價 NT.230

Kanebo 漸層亮彩眼影盒 WN-01 ¥950（編輯部調查）／Kanebo 化妝品／台灣售價 NT.280

076

受女生歡迎的妝容
就是紅色唇彩！

會被同性誇讚「他好漂亮」的人不見得都化著同類型的彩妝，通常是令人印象深刻，或是掌握了流行元素……也就是說，都是「走在時尚最前端」的人，而每個人都能輕易打造出時尚感的元素就是紅色唇彩了。平時的妝容再加上一支紅唇膏，只是添了一些色彩，就能瞬間變得很時髦。

其實擦紅唇膏並不困難，關鍵在於要挑選帶有一點光澤感的紅色。霧面的紅色唇膏難度較高，只推薦給對自己的時尚感有自信的人。

如果夠充裕的話，還可以在眼尾畫上微微往上翹的眼線。睜著眼睛往太陽穴的地方畫過去，接著閉上眼，補強眼尾和之前畫好的眼線之間的空隙。

AQUA AQUA 天然草本礦物潤色唇膏蘋果紅 ¥1620／RED／台灣售價 NT.650

CANMAKE 唇彩水蠟筆 ¥626／井田 Laboratories／台灣售價 NT.320

077

想襯托眼鏡的可愛氛圍，
唇彩就要用鮮豔的顏色

首先，戴眼鏡時其實是不需要化眼妝的，因為眼鏡的陰影會加深輪廓，即使不化眼妝也有放大雙眼的效果。

重點彩妝在於眉毛和嘴唇。

眉毛就在眼鏡正上方，所以很顯目。因為不需要花時間在眼妝上，所以可以比平時更用心地用眉彩和眉刷來畫眉毛。

為了襯托出眼鏡的存在感，嘴唇也要上色以取得平衡。可以塗上較為鮮明的顏色，也可以將自然色的嘴唇，塗得更性感，讓嘴唇的輪廓更明顯。

不過，在戴眼鏡時上眼妝，會給人帶來更強烈的「俐落感」。如果要出席正式的場合，或是想營造精明幹練的氛圍時，化眼妝也是不錯的選擇，只要用平時的棕色眼影即可。

078

補妝時，用面紙按壓

如果依照我的建議化妝的話，其實是不需要補妝的，但如果技巧還不夠成熟時，或許會碰到「皮脂耐不住高溫分泌而讓妝花了」、「皮膚太乾讓妝容龜裂了」的情況。

我來教大家碰到這種情況的補妝方法。首先，並不需要準備什麼工具，只要隨身攜帶「粉末型粉底」、「毛孔隱形飾底乳」和「修護膏」就夠了。有了這三個東西，花掉的妝也能迅速修復。

之前提過脫妝嚴重到需要補妝的情況，原因大多都與「皮脂」有關，另一個原因則是「乾燥造成的粗糙」。

因為皮脂分泌而脫妝的人，可以用面紙按壓出油的部分，讓面紙吸收油分。

接著在脫妝的地方塗上毛孔隱形飾底乳，再輕輕拍上粉底，最後再用粉撲和周圍的粉底均勻地融合在一起。只要這樣就修復完成了。

如果是因為乾燥而使妝容龜裂的話，可以沾取少量修護膏在掌心推開，再用手心包覆整張臉。其實這樣就算修復完成了，但如果覺得整體的粉底有點薄的話，可以再拍上一些粉底。

修復的重點步驟是針對乾燥龜裂的部位，擦上修護膏並輕輕拍上粉底即可，這麼做就能夠讓光澤肌復活喔。

碰到脫妝的情況時，做為隔天化妝時的參考也是很重要的。如果是因為皮脂分泌而脫妝的話，就要確實將毛孔隱形修飾乳塗抹均勻。如果是因為乾燥而龜裂的話，就要增加平時的保養品用量。有時候脫妝的問題不一定出在肌膚上，也可能跟化妝方式有關，脫妝時正是磨練化妝技巧的機會。

只要掌握
化妝技巧，
就能
提升個人
整體狀態。

image of
it girl!
Make-UP

Chapter 6

Hairstyle

一根手指，就讓扁塌的頭髮，瞬間恢復蓬鬆感。

079

「一根手指」就能拯救傍晚的扁塌髮

Before

After

頭髮一到傍晚就又扁又塌，怎麼樣都救不回來……死氣沉沉的髮型讓人看起來又老了幾分。

這種時候，只要用一根手指！短短幾秒就能解決問題。請大家學起來。

重點在於找出新的分線。

首先，用小指按在距現在的分線一公分遠的額頭上，然後沿著分線將小指平行插入頭髮裡，將頭髮撥到另一側，完全蓋住原本的分線。這個步驟在分線的左邊或右邊都沒關係。

光是這麼一個小動作就能讓毛頭變蓬鬆，簡單又自然。如果頭髮換了分線還是很扁塌的話，就再換到另一邊吧。訣竅就是用一根手指頭沿著額頭的髮際線插入頭髮中。

080

摘下帽子還想保有蓬鬆感，就弄亂頭髮

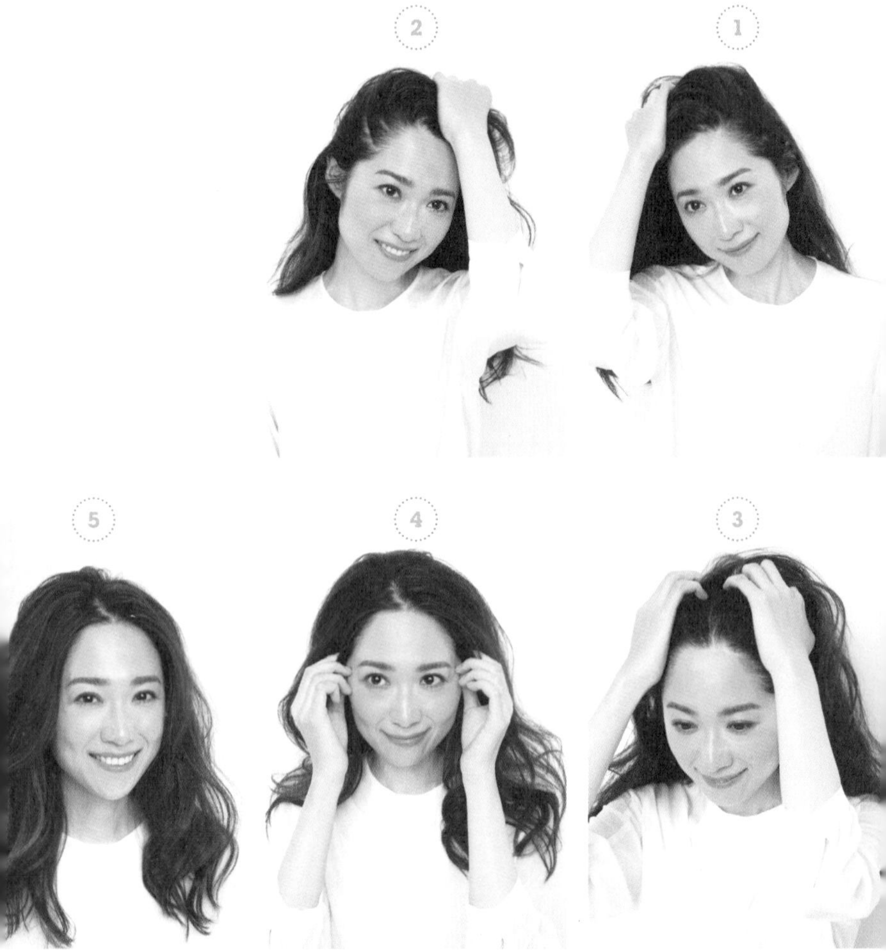

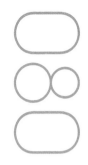

無論是碰到雨天、戴完帽子、頭髮亂翹，有個方法可以在短短的數秒內讓頭髮恢復蓬鬆。

簡單來說，就是用力地撥亂頭髮，但想要更容易地製造出蓬鬆感的話，有幾個小祕訣。

首先，把右手放在左側的瀏海上，然後沿著對角線用手梳開；接著用左手一樣將右邊的瀏海梳開，再用雙手從前面撥到後面。彷彿化身成外國影集裡的女演員，盡可能將指尖插進頭髮根部，大膽地撥亂頭髮。基本上一次就能成功了，但如果效果不理想的話，可以稍微換個角度再試幾次。

將頭髮撥往與平時不同的方向，只要逆著髮流梳理，頭髮就能瞬間恢復蓬鬆感。

頭髮變蓬鬆了以後，再整理一下後腦勺和兩側的頭髮就好！頭頂馬上就變得蓬蓬的了。

08

只要學會稍微拉出頭髮的技巧，就可以任意造型

1

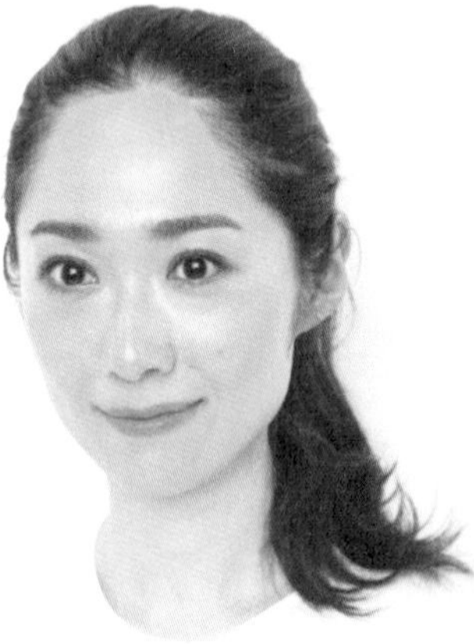

2

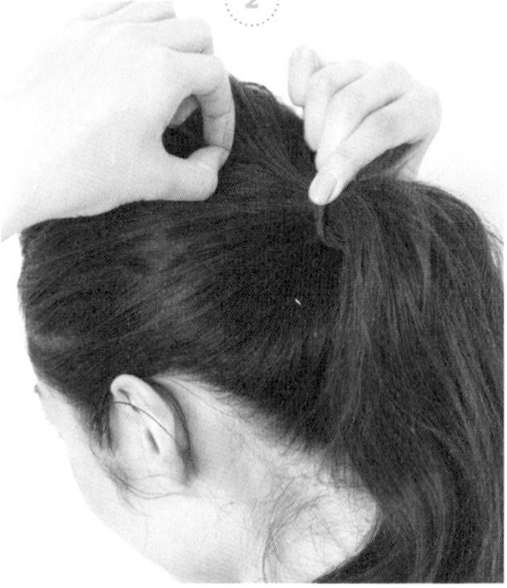

3

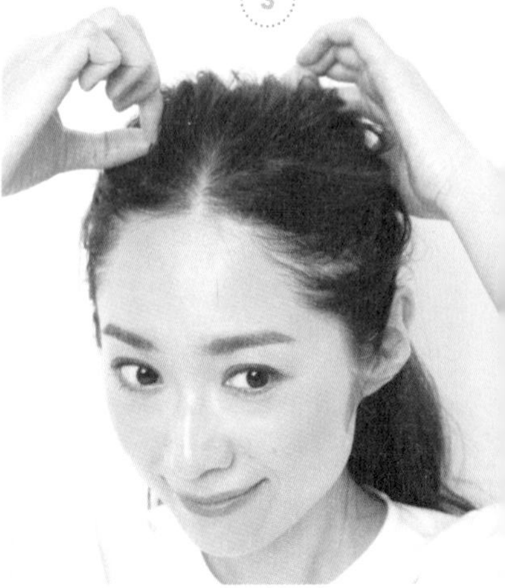

4

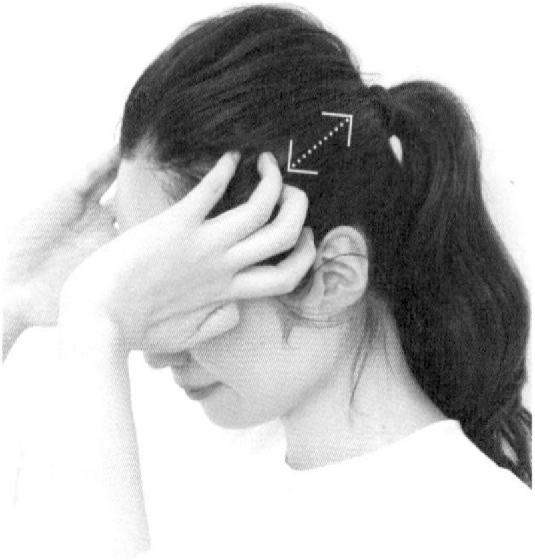

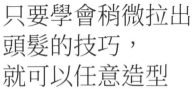

不管是什麼髮型，只要稍微拉出一點頭髮就會變得更可愛。下雨時、頭髮扁塌時、做事時頭髮很礙事時，只要用髮圈綁起來，再「拉出一點頭髮」就會很時尚了。至於為什麼要將頭髮拉出來，因為這樣看起來比較休閒，也能營造出隨興的感覺。反過來說，像是丸子頭或馬尾，如果忘記稍微拉出一點頭髮的話，就會顯得有點老氣。

很多人覺得稍微拉出頭髮很困難，所以我介紹一下能夠輕鬆完成的祕訣。

首先，拉出頭髮最重要的是要一小撮一小撮地拉，用大姆指和食指的指尖拉的話，就可以很自然。

然後，一開始的「拉頭髮」是很關鍵的，要從髮圈的根部拉出一小撮頭髮。雖然每個人的髮量不太一樣，但基本上就是拉出三至四撮，接著再用指甲拉出髮際線附近的頭髮。

最後是後腦勺的部分。這裡只要用指腹輕輕前後搓揉，變得稍微蓬鬆後就完成了！多練習幾次後，只要短短幾秒就能完成。

你知道自己的頭皮
是什麼顏色嗎？

082

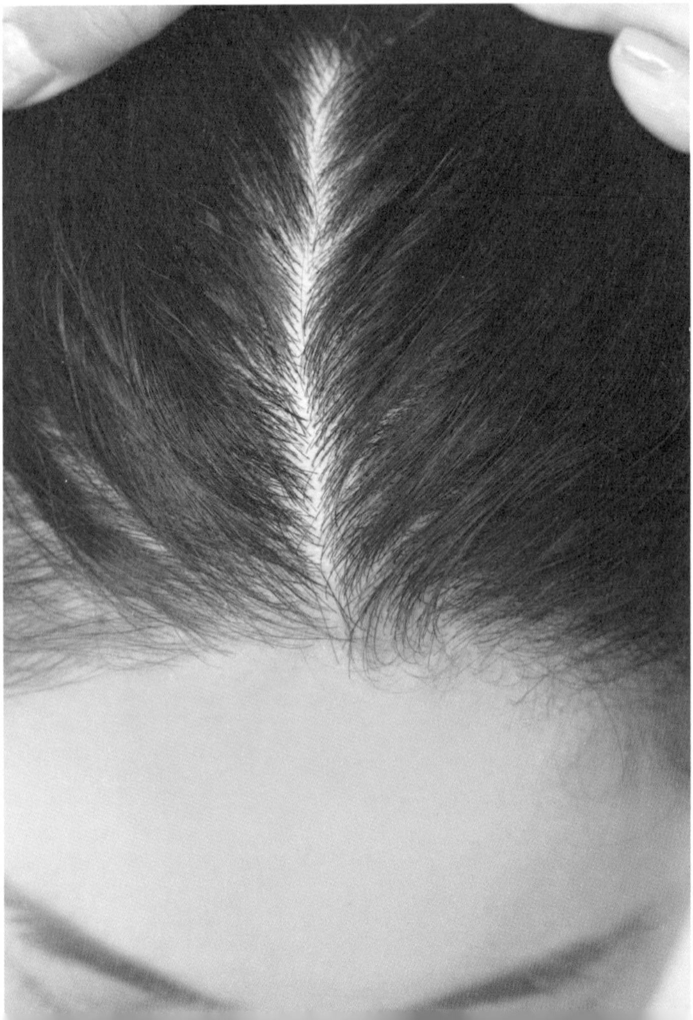

大家有看過自己的頭皮是什麼顏色的嗎？其實只要看頭皮就能分辨出頭髮是不是健康的。健康的頭皮顏色是青白色的。反過來說，不健康的人好幾處會是咖啡色或蠟黃色。這種暗沉是因為血液循環不良，皮脂悶住酸化的關係。如果一直放著不管的話，頭髮會越來越軟細，最後髮量會越來越少。這樣放著一點好處都沒有，想辦法讓頭皮恢復健康的顏色吧。用按摩梳按按摩頭皮可以促進血液循環，對於減緩眼睛疲勞和肩膀僵硬也很有效。

最近市面上的頭皮護理產品也很豐富齊全，可以嘗試在洗髮後使用頭皮精油來集中保養，這樣就能將頭皮的髒汙清洗乾淨。青白色的頭皮是維持美麗秀髮的基本。

René Furterer KARITÉ 雪亞脂極緻菁華 100ml ¥3240 ／ Pierre Fabre Japan

Curél 頭皮保濕滋潤水 120ml ¥1404（編輯部調查）／花王

WELEDA 迷迭香髮根活化精露 100ml ¥2160 ／ WELEDA JAPAN ／台灣售價 NT.650

083

頭髮不用天天洗也沒關係

偶爾會有人問我：「頭髮是要每天清洗的嗎？」

這個答案會因為每個人的皮脂量而有所不同，但其實是不用天天洗的。有個好消息要告訴懶惰的朋友，不洗頭髮的話，隔天造型會比較容易。

之所以會這麼說，是因為即使不用髮蠟，頭皮也會分泌天然的油脂，讓頭髮看起來蓬鬆又多。不洗頭髮的隔天可以輕鬆打造出蓬鬆感，迅速造型。

只不過，皮脂分泌較多、髮根有些扁塌時，可以將頭髮綁在較高的位置。我會建議綁成公主頭或丸子頭，同樣不要忘了拉出一些頭髮。

我不建議皮脂分泌較旺盛的人在沒洗頭髮的隔天還把頭髮放下來，因為會又扁又塌的，一定要記得做點造型！

084

把睡亂的頭髮當成轉機！

如果不小心睡亂了頭髮，那你很幸運。因為代表髮根很蓬鬆，可以做出可愛的造型。

如果不小心睡亂了頭髮就將頭髮綁成一束，或是下一篇要教的公主頭、髮簪等等也可以。頭髮容易捲翹的人也是如此，如果只有頭髮的一部分特別蓬鬆或捲翹的話，可以集中到一處，這樣就能夠完成平衡的美麗造型了。

柔順的頭髮很難製造出蓬鬆感，也很容易打結，其實不好做造型。如果願意花時間做些造型的話，可以用離子夾將頭髮夾捲或是擦髮蠟，就會變得更可愛。所以擁有捲翹的頭髮其實超級幸運的。

085

學會綁公主頭就會方便許多

1

2

3

4

完成！

在各種場面都派得上用場的　型是公主頭。無論是傍晚頭髮扁塌時，或是臉附近的頭髮很礙事時，基本上不管是什麼長度的頭髮都能做到。不僅能散發出女人味，鬆開頭髮時也會有蓬鬆感，「想要在傍晚時仍保持蓬鬆感」時，早上就可以綁這個髮型。

首先，將頭髮集中到耳上，用髮圈綁起來（①），瀏海較長的人也可以一起綁起來。在頭頂下面一點的位置上沿著髮圈繞兩圈，在第三圈時將頭髮穿過髮圈，並將頭髮對摺（②）。第四圈時將髮尾塞進去並卡在髮圈上（③），稍微拉出丸子和頭頂的頭髮就完成了（④）。這麼一來丸子公主頭就完成了。

如果把頭髮綁在偏低的位置，給人的感覺會比較優雅。綁在偏高的位置，則比較休閒。只要隨身帶條髮圈，隨時隨地都能輕鬆造型，每天綁著綁著就會進步了。

086

可以塞耳後的瀏海是最佳長度

瀏海是有最佳長度的，那就是「可以塞耳後」的瀏海。這種長度的瀏海放下來的話，可以修飾臉型，達到小臉效果，還能做出各式各樣的變化，非常恰到好處。但瀏海沒有層次的話會顯得很厚重，所以剪瀏海時一定要請店家幫你打層次。

瀏海偏短的人或許會覺得露出額頭很羞恥，但隨著年紀的增長，會變成一種相當有個人風格的氛圍。

比方說，固定分邊的偶像風格瀏海，只適合偶像風格的穿著，其實也是個性派瀏海之一。剛好剪到眼睛上方的齊瀏海則因為遮住了眉毛而多了一分神祕色彩。眉毛是產生表情、呈現個人特質的部位，如果將眉毛蓋住的話，會給人一種難以親近的印象。當然，只要適合本人個性的話，無論什麼瀏海都是很棒的，但希望大家也能瞭解一下長瀏海的魅力。

此外，短瀏海的後續維護很麻煩。稍微長長了一點就需要修剪，一時疏忽而放任它長長的話，看起來會有些邋遢，長瀏海整理起來輕鬆多了。

大人的瀏海並不是「礙事就剪掉」，而是留得稍微長一點，無論是要營造氛圍或是整理的方便性都很理想。

長瀏海還可以天天體會造型的樂趣，就算只是順順地放下來也很棒！優點多多。

087

髮量稀疏的地方可以擦上「棕色眼影」

隨著年齡的增長而產生的另一個煩惱，則是髮量稀疏，常常有人向我諮詢令人介意的髮際線和分線的問題。

這種時候，你可以在感覺髮量較為稀疏的地方擦上棕色系眼影，眼影的顏色挑選眼影盤裡最深的棕色即可。用手指在眼皮上塗抹眼影時，可以用另一隻手指將棕色眼影輕輕點在頭皮上。眼影會形成陰影，頭皮也就不會那麼醒目了。

尤其擦在髮際線上時，效果非常好。有些人天生髮際線看起來就是比較稀疏，但無論是自己還是別人，髮際線都是第一個看到的地方，最好在塗眼影時順便擦上，看起來會像是跟瀏海結合在一起了。

不過，覺得分線的髮量很稀疏的人，請先試著頻繁地更換分線。如果是參考188頁的一隻手指小技巧的話，做起來就很簡單了。好幾年都沒有變過分線的人意外地多，髮量會越來越稀疏也是當然的。最好天天換分線，換到自己都搞不清楚在哪裡是最好的。

080

髮質細軟的人要用偏硬的髮蠟

「頭髮很容易扁塌，動不動就需要整理，很麻煩。」這種髮質細軟的人，有一瓶髮蠟就會很方便。祕訣在於使用偏膏狀的髮蠟，尤其專門為了男性塑型頭髮開發的強力持久型髮蠟。或許有些人會遲疑想要挑選質地較軟的髮蠟，但這樣是發揮不出效果的，請使用質地超硬的髮蠟。沾取髮蠟的流程和前一個小節提到的相同，只要一點一點沾取少量使用的話，就不會失敗。

擦完髮蠟後，再噴上定型噴霧就很完美了，蓬鬆感可以維持得非常持久。

amritara 植物花園髮蠟（持久型）30g ¥2052

SAMOURAI Woman 造型髮蠟 70g ¥1296 ／ SPR JAPAN ／台灣售價 NT.550

Epicurean 造型髮蠟 80g ¥3888 ／ TWIGGY

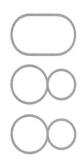

089

髮蠟塗滿手心就能成功造型

1

2

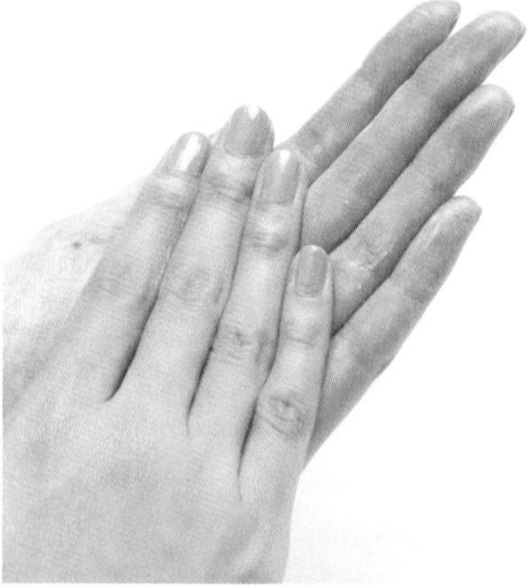

3

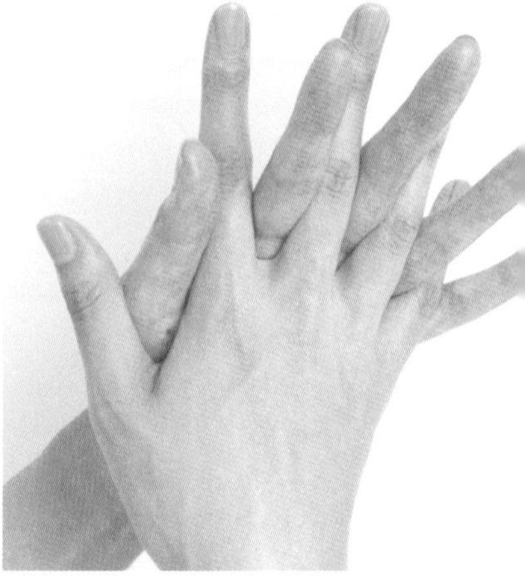

4

使用髮蠟不僅能打造蓬鬆感，造型起來也更加容易，請大家一定要學會髮蠟的小技巧。

首先，將小指頭第一關節一半大小的髮蠟沾在手心裡。一開始先嘗試少量，如果蓬鬆感遲遲不見效的話，再一半一半地把髮蠟加上去，掌握最適合自己頭髮的量。

當然，也不是這麼突兀地就直接塗到頭髮上，重點是要左右手互相搓揉，讓髮蠟延展到指尖及指間的縫隙，因為要用來做造型的只有手指而已。如果指尖周圍不沾滿髮蠟的話，那就沒有意義了。

接著，用沾滿髮蠟的手將耳朵周圍的頭髮根部往上撥（圖④）。如果不是擦在根部的話會無法製造出蓬鬆感，所以大膽地往髮根抹上去吧。這麼一來，有些頭髮就會蓬起來，整體變得更蓬鬆了，再來就可以做自己喜歡的造型了。如果不用髮蠟的話，用質感偏硬的修護膏也可以。

白髮在造型過後再補色

090

白髮不多，不需要到必須染髮的地步，但是又有點擔心……有這種煩惱的人，直接把平時用的睫毛膏往白頭髮上塗吧。化妝用的睫毛膏基本上就可以遮蓋住了，當然，用白髮專用的補色膏也是可以的。

訣竅是做完頭髮的造型後再補色，這麼一來，就可以使用最少的量達到最完美的效果。

我最近也開始擔心起白頭髮，一直都是盡可能最少量的睫毛膏來補色，或是用較大的髮簪或髮帶來遮住。髮簪或髮帶不要緊貼著額頭的髮際線，再稍微往後移動個二公分以上，就能取得良好的平衡。我理解大家想要遮住髮際線的白頭髮的心情，但這時候還是用睫毛膏或補色膏修飾，以整體的平衡為主要優先考量吧。

如果白頭髮的範圍較大的話，可以選擇刷毛型的補色膏，一口氣將白頭髮通通上色。

097

電捲棒要往斜上方拉

只要用電捲棒就能變可愛，可以做點輕柔的變化或捲度，光是這樣就能讓整個人的形象有所轉變。

其實有個簡單的方法可以用電捲棒，把頭髮捲得漂漂亮亮的，就是在捲頭髮時往斜上方拉。這麼做，不但不用擔心電捲棒會燙到皮膚，也可以調整髮根的角度，更容易製造出蓬鬆感。

頭髮的劃分方式也是關鍵，最不容易失敗的方式是大致分成左右兩邊以外，再分別劃分成三等分。這樣劃分下來總共是六等分，這是自己使用電捲棒時最簡單的方法。

接著，就可以開始用電捲棒一撮一撮做造型了。如果想要更捲、更蓬鬆的話，可以綁起公主頭，上下一樣都分成六等分。

此外，即使再怎麼麻煩，捲完一撮後就要馬上梳開，如果不馬上梳開，頭髮就會維持在大波浪的狀態，會給人一種充滿年代感的印象。

將電捲棒的溫度調到最高，一次就搞定吧。設定在低溫反覆夾頭髮，反而對頭髮的損傷是最嚴重的。偶爾有人會問我：「電捲棒會對頭髮造成多大的損傷呢？」就算天天使用，頭髮也不會因為高溫而壞死，大家可以放心使用。

092

過了一定年紀後，不要把頭髮剪得過短

當你覺得自己好像已經不算年輕時，能夠展現充滿女人味的優雅髮型是需要一定長度的。覺得自己有年紀了以後，鮑伯頭至鎖骨下方的中長髮是最理想的長度。有些人會因為髮量減少、白頭髮變多而一口氣剪成俐落短髮，但過短的髮型是很難打造出女性溫柔婉約的感覺。當然，也有人很適合短髮，但能夠簡單整理的長度才會帶有溫和的女人味。

伴隨著年紀的增長，頭髮受到的損傷也會越來越顯目，所以我會建議大家掌握幾個頭髮造型的小技巧。不過，也不是什麼複雜的造型，就是前面介紹的「拉出頭髮密技」和「公主頭」就足夠了。

把頭髮做造型雖然需要一定的技術，但只要天天練習的話，一定能夠磨練出水準。年紀增長以後，肯定還會慶幸「還好我早就學會了！」

自然捲只要集中在一起，就可以完美造型

大家普遍認為不亂翹的直順髮才是美麗的頭髮，但這幾年開始流行有點捲翹的髮型，被定義為「好看的髮型」的種類變多了。

如果你天生就是自然捲、頭髮蓬鬆的人，那你很幸運。蓬鬆度夠，不扁塌，直接做造型就能很可愛。

只不過，自然捲的人想要不做任何造型就美美的，其實是一件很困難的事。畢竟沒有人的自然捲是捲得很平均的，總是會有某一塊特別蓬鬆。

自然捲的人可以用髮簪將頭髮夾起來，或是綁成公主頭，或是集中到同一處，這樣就能取得平衡，看起來也就更美了。

有些自然捲的人總是想把頭髮順直，甚至有的人每天都會用離子夾，其實這些都是不需要的。

094

香氣不會過於濃厚的祕訣

擅長營造香氛的女生會讓香味瞬間散發，但卻不會殘留太久。雖然沒有人可以斷言「這種香味一定人人愛！」但挑選香味的標準還是只能傾向自己的喜好，所以我推薦的主要是能夠療癒身心靈、轉換氣氛的產品，而且香味都不會太重，甚至可以當護身符隨身攜帶，這種享受的方式也可以讓女人味由內到外散發出來。

我在工作時，一走進化妝室，就會先噴灑三次令人感到舒適的芳香噴霧，然後再等待模特兒到來。

此外，我也會在房間或桌上擺上柑橘系列的香氛精油。想要轉換心情時，就倒一些在手心裡，只是聞聞手心的香味，心情就會跟著轉變。

Oisesan 伊勢淨化鹽噴霧 15g ¥1080／Martinique

AYURA 穩夜香（自然噴霧）（香氛保養）¥3456／台灣售價 NT.1150

immuneol 100 複方精油 30ml ¥4990／SOL

Column

「換髮型真的沒關係嗎？」

髮型會大幅改變一個人的印象，所以很多女生產生「想要大改變！」的想法時，通常會一口氣剪掉頭髮或是直接換一個髮色。

不過，碰到這個情況時，請停下來想一想。如果要從以往的自己改變成截然不同的樣子，代表有可能會和你以往的穿著和生活習慣都不太搭。這麼一來，只有髮型特別醒目，會讓人有種「剪了個不適合自己的髮型」的感覺也說不定。

以往的風格是你經年累月所營造出來的「個人特質」，所以當你想要換髮型時，先做個深呼吸，重新檢視自己的穿著風格和生活。如果你周圍的事物產生變化，且與新髮型十分合襯的話，那麼，現在或許就是改變的時間了。不過，如果和你的生活有點衝突的話，不做改變也是很重要的選擇之一。你可以和髮型師一起討論你認為「沒問題的髮型」，以及改變髮型後，個人氛圍會有什麼變化，但也不要忘了珍惜自己的個人風格。

Column

在美髮店先告知自己平時「會不會做造型」

當你去美髮店想要改變成自己喜歡的髮型時，你也必須要做點努力，那就是盡可能提供自己的資訊。

要提供的內容很簡單，首先，「自己平時會不會做造型」。還有造型大概會做到什麼程度，或是有沒有不擅長的造型。只要事先告知，髮型設計師就會為平時會做造型的人，剪一個方便造型的髮型，而平時不怎麼做造型的人，就為他剪一個外觀本身就很好看的髮型。比方說，如果平時習慣綁頭髮的人被剪了一個不好綁的髮型，光是這樣的小細節，都會變成每天需要面對的壓力。

還有另一個需要提供的資訊是「平均多久到美髮店一次」，只要這麼告知，髮型設計師就會幫你剪一個長度可以撐到下一次到美髮店的髮型。

此外，請以平時的穿著和平時的妝容去美髮店。如果是大素顏或特別打扮，髮型設計師就不知道平時的你是什麼樣子的。

髮型好，
妝容也會
更上一層樓。

image of it girl! Make-UP

只要是女生，一定都有過這種經驗，面對著鏡子裡倒映出來的自己，想著「我想要變得更漂亮！」

常常有人向我傾訴各式各樣的煩惱，「眼睛太小」、「很介意色斑」、「不知道怎麼決定眉型」、「乾燥肌無法改善」等等，所有女性都為了自己的美麗而煩惱著。

雖然我擔任模特兒及女演員的髮妝師，就連這些專業級的美麗女性們都沒有人「百分之百滿意自己」，大家總是有幾個自卑的地方或煩惱。

專業人士也是女性，也會碰到荷爾蒙紊亂時，也會因為年齡而煩惱，心理層面也不見得是「自信滿滿」的。

我想告訴大家的只有一句話：「別擔心！用點小技巧就能變美！」

我經由美妝課程遇見超過三千名女性，對於長年在婚宴現場擔任髮妝師的我來說，沒有一個女生會是「沒有救」的！只不過是技術不夠純熟而已，不瞭解如何學會這些技巧，也不知道哪些技巧是應該加以

結語 epilogue

磨練的。

所以大家總是會想要仰賴高效能、看起來特別有魅力的化妝品或保養品，這麼做是無法找到真正的「自己的美」，也無法襯托出來。

但是，只要學會了小技巧，無論碰到什麼情況都能信心滿滿地渡過。就算是突然出現的痘痘、肌膚老化，都想得到應對方法，再也不需要因為一點小事而感到手足無措了。

讀了這本書以後，你就算是半隻腳踏在專業領域了。

我想淺顯易懂地告訴眾多女性他們想變得更美但仍缺乏的小技巧。我想和各位讀者分享我在擔任髮妝師培養出來的技術。我想提供一些小技巧讓各位讀者可以漂漂亮亮地渡過每一天。正是這些想法才有了這本書。

本書濃縮了許多能夠變美的方法，大家肯定會很震驚：「我的煩惱這麼容易就能解決嗎？」

其實你在煩惱的事通常都能輕鬆、省時、不費力地解決。即使這本書裡沒有特別提出來的煩惱，只要將這些小技巧應用上去，出乎意料地就能輕鬆解決。能夠讓化妝技術更扎實的書就這樣完成了。

希望可以藉此解決眾多女性的煩惱，讓大家的化妝時間能夠更有樂趣！

我抱持著這樣的想法，將這本書獻給大家。

SECRET PAGE

REVIEW

《大人的化妝書》復習

③ 用眼線筆填補眼線

在等待睫毛定型液乾的過程可以來畫眼線，將眼皮往上掰，把睫毛與睫毛之間的空隙補上。不是「畫」眼線，而是「補」眼線的感覺。接著就可以刷睫毛膏了。

④ 使用螺旋眉刷畫眉彩

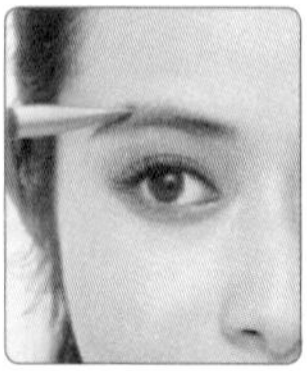

1. 首先，從眉山畫向眉尾。用螺旋眉刷刷開眉粉。

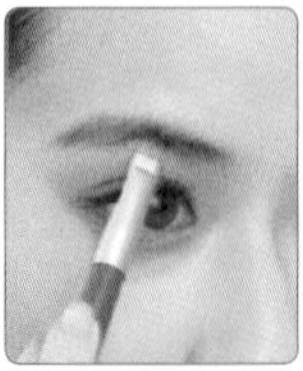

2. 從眉山畫向眉頭，用螺旋眉刷逆刷眉毛。

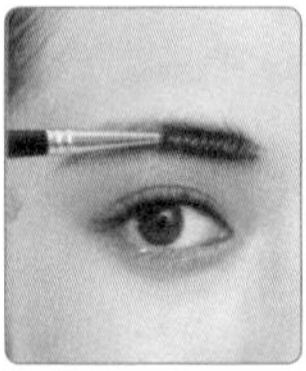

3. 用螺旋眉刷從眉頭刷到眉尾。

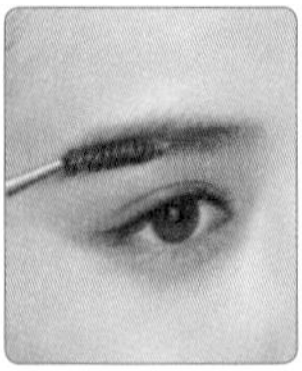

4. 輕輕地刷勻眉尾，再重複 2、3、4 的步驟數次。

⑤ 2 層構造的腮紅才能持久不脫妝

1. 將腮紅霜擦在粉底液之後，位置只要抓個大概就 OK 了。

2. 用腮紅刷輕拍眼睛下方、鼻翼兩側，再用較大的刷具沾取粉狀腮紅後，輕輕畫圓。

⑥ 完成唇彩時，用手指抹均勻。

塗完唇彩後，用手指沿著嘴唇的輪廓抹均勻。

掌握基本技巧！

教給大家基本的技巧，更詳細的內容收錄在
《大人的化妝書》（悅知文化）中，這裡僅做個簡單的復習。

① 用手指擦眼影

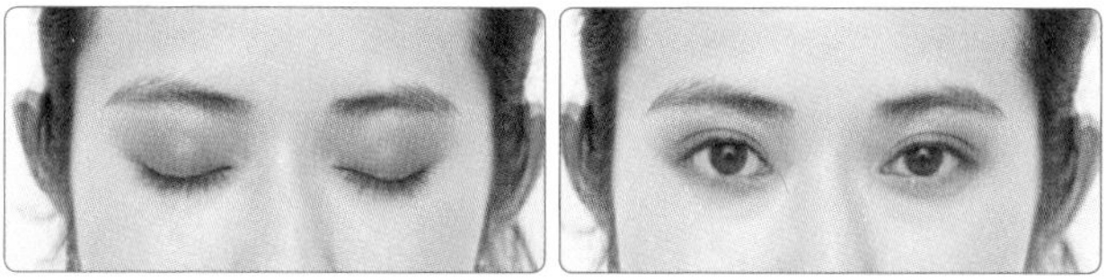

睜開眼睛時，有陰影（輪廓）就 OK 了。

② 用睫毛夾時抬起手肘

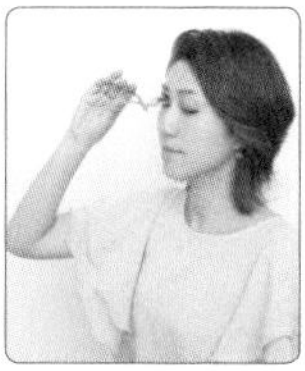

1. 將睫毛夾壓到眼皮上。

2. 將手肘和手腕往上抬，將手肘抬到最高處。

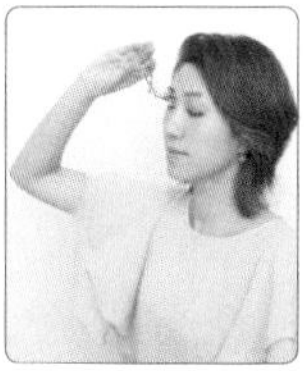

3. 轉動手心。

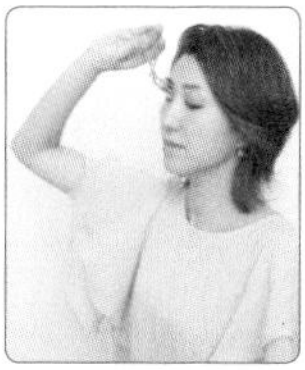

4. 一邊轉一邊往上。

5. 再往上、再往上。

6. 眼睛撐到最大，維持數秒後就完成了。

7. 刷上睫毛定型液。

完妝後就是美人

作　　者 | 長井香織 Kaori Nakai
譯　　者 | 林以庭 Anna Lin
發 行 人 | 林隆奮 Frank Lin
社　　長 | 蘇國林 Green Su

出版團隊

總 編 輯 | 葉怡慧 Carol Yeh
日文主編 | 許世璇 Kylie Hsu
企劃編輯 | 王俞惠 Cathy Wang
裝幀設計 | 張　克 Giar Chang
內文排版 | 黃靖芳 Jing Huang

行銷統籌

業務處長 | 吳宗庭 Tim Wu
業務主任 | 蘇倍生 Benson Su
業務專員 | 鍾依娟 Irina Chung
業務秘書 | 陳曉琪 Angel Chen、莊皓雯 Gia Chuang
行銷主任 | 朱韻淑 Vina Ju

發行公司 | 悅知文化　精誠資訊股份有限公司
105台北市松山區復興北路99號12樓
訂購專線 | (02) 2719-8811
訂購傳真 | (02) 2719-7980
專屬網址 | http://www.delightpress.com.tw
悅知客服 | cs@delightpress.com.tw
ISBN：978-986-510-090-2
建議售價 | 新台幣360元　　初版一刷 | 2019年01月　　初版六刷 | 2021年03月

國家圖書館出版品預行編目資料

完妝後就是美人 / 長井香織作；林以庭譯.-- 二版. -- 臺北市：精誠資訊, 2020.07
面；　公分
ISBN 978-986-510-090-2 (平裝)
1. 化粧術
425.4　　109009721

建議分類 | 生活風格

原書Staff List

〔模特兒〕MAO（SPACE CRAFT）
加納奈奈美（Orange）
──P58、62、63、附錄
〔照片〕鈴木希代江／人物照
米玉利朋子（G.P.FLAG Inc.）／靜物照
〔造型〕遠藤雅美
鎌田步
〔美術監督〕加藤京子（sidekick）
〔設計〕我妻美幸（sidekick）
〔製作協助〕坂本真理
〔SPECIAL THANKS〕寺本衣里加
〔編輯〕中野亞海（DIAMOND）

廣	告	回	信

平信、免貼郵票
台灣北區郵政管理局登記證
台北廣字第1531號

SYSTEX making it happen 精誠資訊 | 悅知文化 Delight Press

精誠公司悅知文化　收

105 台北市復興北路99號12樓

（請沿此虛線對折寄回）

任何狀況都能
完美修飾的專業技巧

讀者回函

《完妝後就是美人》

謝您購買本書。為提供更好的服務，請撥冗回答下列問題，以做為我們日後改善的依據。
將回函寄回台北市復興北路99號12樓（免貼郵票），悅知文化感謝您的支持與愛護！

名：________________ 性別：□男 □女 年齡：______歲

絡電話：(日)________________ (夜)________________

mail：________________________________

訊地址：□□□-□□ ________________________________

歷：□國中以下 □高中 □專科 □大學 □研究所 □研究所以上

稱：□學生 □家管 □自由工作者 □一般職員 □中高階主管 □經營者 □其他________

均每月購買幾本書：□4本以下 □4~10本 □10本~20本 □20本以上

您喜歡的閱讀類別？(可複選)

□文學小說 □心靈勵志 □行銷商管 □藝術設計 □生活風格 □旅遊 □食譜 □其他________

請問您如何獲得閱讀資訊？(可複選)

□悅知官網、社群、電子報 □書店文宣 □他人介紹 □團購管道

媒體：□網路 □報紙 □雜誌 □廣播 □電視 □其他________

請問您在何處購買本書？

實體書店：□誠品 □金石堂 □紀伊國屋 □其他________

網路書店：□博客來 □金石堂 □誠品 □PCHome □讀冊 □其他________

購買本書的主要原因是？(單選)

□工作或生活所需 □主題吸引 □親友推薦 □書封精美 □喜歡悅知 □喜歡作者 □行銷活動

□有折扣______折 □媒體推薦________

您覺得本書的品質及內容如何？

內容：□很好 □普通 □待加強 原因：________

印刷：□很好 □普通 □待加強 原因：________

價格：□偏高 □普通 □偏低 原因：________

請問您認識悅知文化嗎？(可複選)

□第一次接觸 □購買過悅知其他書籍 □已加入悅知網站會員www.delightpress.com.tw □有訂閱悅知電子報

請問您是否瀏覽過悅知文化網站？ □是 □否

您願意收到我們發送的電子報，以得到更多書訊及優惠嗎？ □願意 □不願意

請問您對本書的綜合建議：________________

希望我們出版什麼類型的書：________________